U0222193

国家出版基金项目
NATIONAL PUBLICATION FOUNDATION

鹦鹉螺漫画

不一样的生命

顾洁燕　徐　蕾

主编

植物不简单

上海科技教育出版社

目录

我爷爷就是传说中的植物猎人，
所以这也是我的目标。

植 物 不 简 单

1

植物分类
那点事

　　这个世界上有一群神秘人，他们对植物了如指掌，他们去过世界各地采集植物，他们会制作植物标本，他们会把植物做成各种美味，他们都有一个共同的称号——植物猎人！现在，你也有机会获得这个称号，不过你需要在认识植物的过程中面对重重挑战！你准备好了吗？

把物品分分类

　　了解植物的第一步，就是要根据它们的自然属性，由粗到细、由表及里地进行分门别类。每种植物都有其独特的功能和结构，它们之间有的还有亲缘关系，所以要想分清楚并不是一件简单的事。也许你会说，不懂植物分类，生活照样能过得很滋润。但如果你想成为植物猎人，这个可是必修技能。即使你没有这么远大的志向，掌握一门分类技能，也绝对会在生活中帮助到你。

　　先来看看你的潜质！你能不能快速把这些物品归类放好呢？

物品类型：

请写下物品名称或编号：

植物界的模式标本

　　当植物猎人找到一个新物种，给它命名时，除了要有拉丁文的名字描述和图解外，还需要把确立该物种时用的标本永久保存，这种用作种名根据的标本被称为模式标本。

　　模式标本一般会特别标示或插附红色标签以示区别，并与其他标本分开保存。若日后研究学者对某一物种的叙述有所怀疑或不解时，即可通过检视模式标本来确认。

当然，亲手制作一份模式标本对植物猎人而言是可遇不可求的，在那一天到来之前，你可得先提升一下自己制作标本的技能。而要获得一份标本，你必须通过野外跋涉、观察和鉴定、采集植物标本、压制和保存标本这4重考验。

1. 野外跋涉

为了保护好自己，雨鞋、帽子、军用水壶、背包、绳索、手电筒等是在野外采集时必不可少的装备，地图、罗盘等则是确定方向的好工具。

2. 观察和鉴定植物

用放大镜观察植物的细节，
有四片花瓣，雄蕊四长两短，
对照着《植物志》，
可以确定它是十字花科植物。

虽然科学家要有牺牲精神，
但是千万别轻易品尝，
不是每种植物都可以吃，
有的吃下去后果会很严重！

3. 标本采集

哦不！请让我结
完果再剪下！

采集低矮植物时，先用枝剪剪下一截带花的树枝，
然后挂上写有采集人和采集号的吊牌，最后放进采集箱。

哈哈！这里很安全！

采集树上的果实时，需要使用高枝剪。

挖根器是采集植物根系时必备的工具。

不要扒光人家，好害羞哦！

4. 标本制作和保存

① 完成野外采集后，首先把枝条、叶片和花朵都舒展开，然后压在标本夹中。

我感觉自己像三明治中的生菜。

我现在是烘焙过的"三明治"。

② 然后把标本夹连同标本一同送进烘干箱，进行脱水。

大功告成！

③ 把已经脱水的植物放在台纸上，用白线固定叶柄，这样一份植物的腊叶标本就算完成了。

科学家的故事

约瑟夫·班克斯（1743—1820）

约瑟夫·班克斯是现代植物学的搜集之父。他曾支付了1万英镑，相当于今天的60万英镑，让自己和另外9个人参加了为期3年的环球探险活动。

没有哪个植物考察旅行取得过那么大的成就。此前没有，此后也没有。这在一定程度上是因为这次航行将许多不大知名的新地方——火地岛、塔希提岛、新西兰、澳大利亚、新几内亚——变为殖民地，但主要是因为班克斯是个敏锐而天才的采集家。当他们乘坐的"奋进"号船到达巴西的里约热内卢时，班克斯原以为会受到热烈欢迎，可当地总督却极不友好，禁止他们上岸采集植物，班克斯只好贿赂当地人将植物以饲料的形式送到船上，又冒着生命的危险乘夜偷偷登陆，一共搜集到包括西番莲在内的316种植物。

这次旅行结束时他总共带回来3万件植物标本，包括1400件以前没有见过的——能使当时世界上已知的植物总数增加大约四分之一。

答案　野外跋涉：雨鞋、帽子、军用水壶、背包、地图、罗盘、
　　　　绳索、手电筒
　　　观察和鉴定植物：笔记本、放大镜、植物志、镊子
　　　标本采集：采集箱、枝剪、高枝剪、号牌、挖根器
　　　标本制作和保存：标本夹、烘干箱、台纸

野外跋涉：＿＿＿＿＿＿＿＿＿＿＿
观察和鉴定植物：＿＿＿＿＿＿＿＿＿
标本采集：＿＿＿＿＿＿＿＿＿＿＿＿
标本制作和保存：＿＿＿＿＿＿＿＿＿

想想，你能帮我把这些野外考察工具归入合适的门类吗？

植物分类的 前世今生

目前生存在地球上的植物有400 000种以上，咳咳，这么多零，让我数数，个、十、百、千、万……哦，是40万。这还只是估计的，因为还有很多地方，连植物学家都还没有来得及仔细考察。还有很多植物，没有来得及被发现，就灭绝了！如果没有一个统一的分类规则，植物界就乱套了！

土豆名称之争

东北
我们家叫它土豆。

闽南
这个叫马铃薯。

广东
不对，是叫薯仔。

华北
俺都管它叫山药蛋子。

江浙
阿拉叫洋山芋。

就如同散乱的物品，从前的人们面对种类如此众多，彼此又千差万别的植物根本无从下手。以前认为是两种植物的，却发现竟然是同一种；以前认为是同一种的，却又发现不一样。还好，瑞典的林奈创立了双名法，大家觉得这挺管用的，于是就有了植物分类学。

植物分类学是一门主要研究整个植物界不同类群的起源、亲缘关系，以及进化发展规律的基础学科。也就是把纷繁复杂的植物界分门别类一直鉴别到种，并按系统排列起来，便于人们认识和利用植物。植物分类学不仅要识别物种、鉴定名称，而且还要阐明物种之间的亲缘关系、分类系统，进而研究物种的起源、分布中心、演化过程和演化趋势。

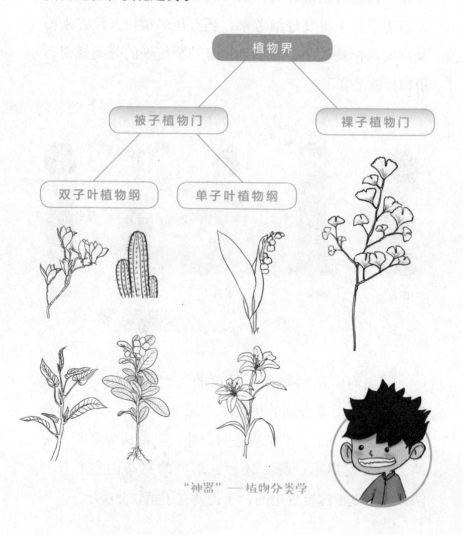

"神器"——植物分类学

天哪，这么艰涩、深奥、复杂，是不是晕了？其实，这些都是植物学家一点一点积累出的经验，对于要怎么分类，他们也有争论，观点也在不断变化。

跟着感觉走——人为分类法

16世纪，中国明朝的李时珍编写了《本草纲目》，这是中国古代最著名的认识植物的书籍。在《本草纲目》中，李时珍创立了六十类分类法，使人们对药物类别的了解更进了一层。草部的山草、隰（xí）草、水草、石草，按草的生长环境划分；芳草、毒草，按气味、毒性划分；蔓草，按形态划分。果部的山果、水果，按生长环境划分；蓏（yǔ）果，按性质划分。木部的乔木、灌木、苞木，按形态划分；香木，按气味划分。禽部的山禽、水禽、原禽、林禽都是按栖息环境划分。兽部的畜与兽，是按家养与野生划分。李时珍按照"析族区类"的分类原则，在类之下，还分有若干族。为了避免烦琐，在书中没有标明族的名称。在植物类药物中，这种族的归纳容易为人所觉察。亲缘关系相近的植物往往是排列在一起的。例如草部芳草类，廉姜、山姜、豆蔻、姜黄、郁金等属姜科植物；草部隰草类，菊、野菊、艾、千年艾、青蒿、白蒿、黄花蒿等都是菊科植物。果部山果类，梨、棠梨、木瓜、山楂、林檎、枇杷、樱桃等都属蔷薇科植物。

植物界草部蔓草类——就是我们平时路边一不小心就会踩到的杂草，像狗尾巴草。

植物界菜部蔬菜类——其中绝大多数你可以在菜场找到，像冬瓜。

无机物界金石部金类——就是那些闪瞎了眼的金属，像自然铜。

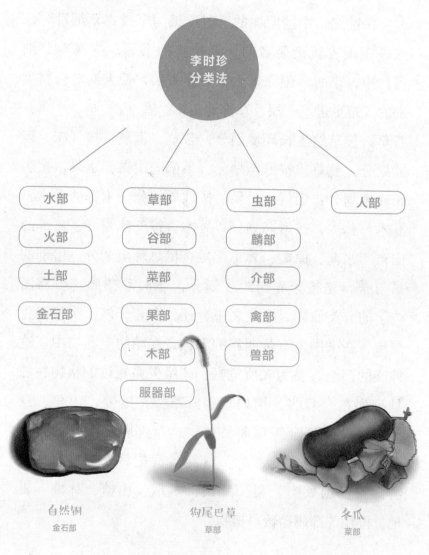

自然铜
金石部

狗尾巴草
草部

冬瓜
菜部

科学家的故事

李时珍（1518—1593）

  李时珍听说北方有一种药物，名叫曼陀罗花，吃了以后会使人手舞足蹈，甚至还有麻醉作用。为了寻找曼陀罗花，他离开了家乡，来到北方。

  李时珍终于发现了独茎直上，高四五尺，叶像茄子叶，花像牵牛花，早开夜合的曼陀罗花。为了掌握曼陀罗花的性能，他还亲自尝试，并记下了"割疮灸火，宜先服此，则不觉苦也"。曼陀罗花含有一种能兴奋大脑和麻痹痛觉的成分，所以千万不要嘴馋。

这种人为分类方法的主要依据是植物的生长环境及其应用，简单实用。但是这种分类没有考虑到从植物自然形态特征的异同来划分种类，更看不到植物之间的亲缘关系，这样一来就会出现下面的错误。

似是而非：紫花地丁不是一种植物，而是一群植物。

在《本草纲目》中，李时珍说紫花地丁是一种植物，又名箭头草、独行虎、羊角子或米布袋。其实紫花地丁作为中药，药材来源复杂，按现代的分类法，主要有罂粟科植物地丁草、豆科植物米口袋、堇菜科植物光瓣堇菜，以及龙胆科龙胆属的华南龙胆，其实是一群植物。

我们都是"紫花地丁"，
但你是你、我是我、她是她。

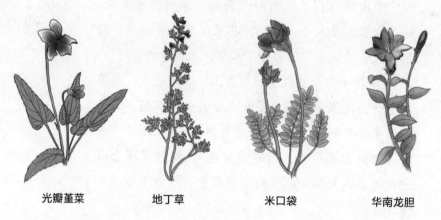

光瓣堇菜　　　　地丁草　　　　米口袋　　　　华南龙胆

似非而是：常山和蜀漆被分为两味药物，其实两者只是一种名叫常山的植物的不同部分。

常山，为虎耳草科植物常山（*Dichroa febrifuga Lour.*）的干燥根。具有涌吐痰涎、截疟之功效。常用于痰饮停聚、胸膈痞塞和疟疾。

蜀漆，则是常山的嫩枝叶部分，功效除痰、截疟，主治症瘕积聚、疟疾，气味辛、平，有毒。

蜀漆

常山

颜值决定一切——自然分类法

时间到了17世纪，植物的形态解剖特征逐渐被认识并被作为分类的依据。这时候的人们努力寻求客观植物类群的分类方法，他们想到通过植物形状的相似程度来决定植物的亲缘关系和系统排列，因此就有了自然分类法的出现。

瑞典著名植物分类学家林奈基于对大量植物的研究，根据植物的花、叶的结构，于1735年写成《自然系统》一书，此后又写成了《植物种志》和《植物属志》，将约7700种植物归入1105个属，并首次使用了双名法。由于林奈对植物分类学的卓越贡献，后人称他为"分类学之父"。

以花蕊作为分类依据

蔷薇目1.8万种

双子叶植物纲23.5万种
木兰目
杨柳目
毛茛目
蔷薇目
豆目

景天科
蔷薇科
虎耳草科

蔷薇科3300种
桃属
蔷薇属
梨属
苹果属
樱桃属

被子植物门25万种
单子叶植物纲
双子叶植物纲

界门纲目
科属种的
示意图

苹果属35种
山荆子
新疆野苹果
苹果
三叶海棠

植物界40万种
褐藻门
红藻门
被子植物门
裸子植物门
蕨类植物门

苹果
Malus domestica

双名法的定义

在生物学中，双名法是为物种命名的标准方法。

正如"双"所说的，为每个物种命名的名字由两部分构成：属名和种加词（种小名）。

习惯上，在科学文献的印刷出版中，属名首字母须大写，种加词则不能。在印刷时使用斜体，或是以学名加底线表示，手写时一般要加双下画线。

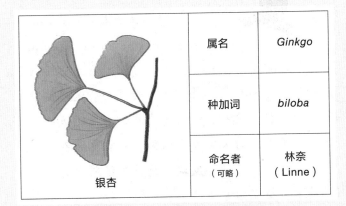

属名	*Ginkgo*
种加词	*biloba*
命名者（可略）	林奈（Linne）

银杏

挑战 时间

根据以上命名原则，下面哪一种书写方法是正确的？

A. *Fragaria ananassa*

B. *fragaria Ananassa*

C. Fragaria ananassa

A

科学家的故事

林奈 (1707—1778)

在林奈还没出生的那个年代，人们叫一种植物的名字时还要加上一堆描述词，就好比称呼隔壁邻居小明为"身高160厘米，体重60千克，头发有点黄，性格腼腆，上次考试考了90分的12岁男性李小明"，长得不可开交。

那时路边到处可见的酸浆属植物被叫做 Physalia amno ramosissime ramis angulose glabris foliis dentoserratis，林奈则霸气地把它缩短为 Physalia anguulata，这个名字流传至今。这样大刀阔斧地简化植物名称，使得简化后的名称既保留了科学性，同时又为大家喜闻乐见。这需要的不仅是知识储备，还要有能够发现一个物种区别于其他物种的最本质特点的才华。

林奈并不满足于命名，他还将命名后的各种物种排列组合起来，构建了一个可以通用的分类体系。在那个时代，人们给生物分类的标准非常主观，可以是野生的、家养的，大的、小的，甚至是漂亮的、丑陋的。试想一种植物，你觉得好看但我觉得丑，这可怎么办？林奈按照生理特征来进行分类，把纠正上述不足作为自己毕生的事业。他的著作《自然系统》在1735年的第一版时只有14页。但随后越写越长，越写越长，到了第12版——林奈活着见到的最后一版——已经有2300页，扩展到了3卷。

然而，林奈不是完美无瑕的。他认为物种是不变的，物种间不存在亲缘关系（那时候达尔文还没出生呢）。当时的分类标准只考虑某几个外形特征，闹了大笑话。

似是而非：水稻和白菜。

林奈根据雄蕊的数目和离合情况将植物分为24纲，分别称为一雄蕊类、二雄蕊类等，结果将水稻和白菜定为同一纲（六雄蕊类），实际上水稻和白菜相差十万八千里。

认祖归宗——系统发育分类法

在18世纪以前，绝大多数人看到这个绚丽多彩的生物界，都简单地认为世界是某个时刻一次性被神创造出来的，而且一旦形成就永远不变了，这就是神创论。然而，英国的达尔文在探险航行中发现，不同物种之间有一些共同的特性，而神创论解释不了这些现象。于是，他开始怀疑神创论，并提出了进化论，认为生物必须"为生存而斗争"。同一种群中的个体存在着变异，那些具有能适应环境的有利变异的个体将存活下来，并繁殖后代，不具有有利变异的个体就被淘汰。达尔文知道自己的理论将推翻人们对世界的根本认识，迫于家庭和社会的压力，他将手稿锁在抽屉里将近20年才发表。即便如此，他从论文发表到去世前一直遭受来自教会的人身攻击。

当达尔文在《物种起源》中提出了进化论之后，植物学家提出植物分类要考虑植物之间的亲缘关系，并发展出了系统发育分类法。这种分类方法的基本原理是：现代的植物都是从共同的祖先演化而来的，彼此间都有或近或远的亲缘关系，关系越近，则相似性越多。

150年过去了，达尔文确立的两个支柱——自然选择和共同祖先，一直是科学界的标杆。自然选择是说，适应度差异导致的繁殖差异，是产生如今我们见到的多样性的主要动力。共同祖先则是说，地球上所有现存生命来自同一个祖先。只要这两个支柱没有被颠覆，我们称达尔文为"现代生物学之父"就不为过。

长颈鹿的长脖子是
自然选择的结果。

真羡慕长脖子啊，
我快饿死了！

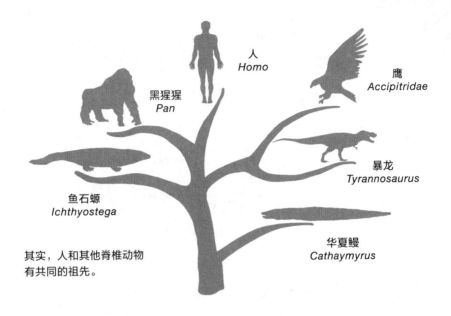

其实，人和其他脊椎动物有共同的祖先。

　　按系统发育的方法进行分类，植物界从低等到高等，分为藻类植物、苔藓植物、蕨类植物、裸子植物和被子植物。

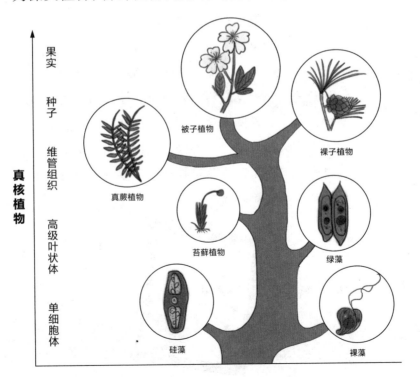

达尔文（1809—1882）

达尔文出生于19世纪的一个牧师家庭，但是他从小就不是一个传统意义上的乖孩子，比起坐在房间里读书，他更喜欢在乡野的泥地里打滚。

22岁时，一次偶然的机会，达尔文以博物学者的身份登上英国海军舰艇"贝格尔"号，进行了为期5年的探险航行。当他们航行到远离大陆的加拉帕戈斯群岛时，发现了岛上的14种地雀。它们的体形、颜色，特别是喙和食性各不相同，但是仔细分析，又可看出它们都有共同的特性。

达尔文本来认为物种是不变的，但经过这次旅行，他动摇了，他认为神创论解释不了这些现象。他认为加拉帕戈斯群岛是一个由于火山喷发新形成的岛屿，上面本来没有鸟类，可能某种地雀依靠风力而从大陆飞到岛上。它们繁殖、分化出了多种形态和机能，再经自然选择产生了各自分别适应于不同环境和食性的地雀。

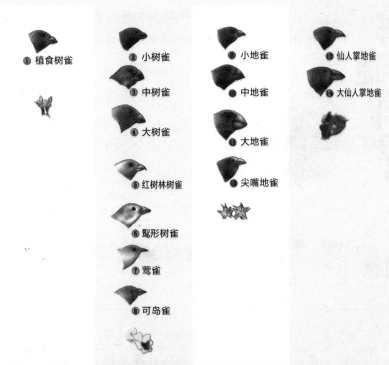

① 植食树雀

② 小树雀

③ 中树雀

④ 大树雀

⑤ 红树林树雀

⑥ 鸮形树雀

⑦ 莺雀

⑧ 可岛雀

⑨ 小地雀

⑩ 中地雀

⑪ 大地雀

⑫ 尖嘴地雀

⑬ 仙人掌地雀

⑭ 大仙人掌地雀

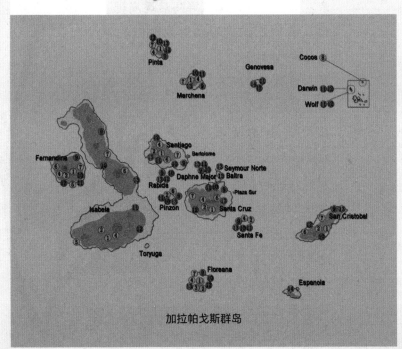

加拉帕戈斯群岛

我们见到的菊科植物几乎都是草本，如向日葵、雏菊，但是世界上有些地方的菊科植物是长成大树的。

嘿，傻大个，
你和我们是兄弟，
瞧，我们都有头状花序。

向日葵　　　　雏菊　　　　　　　岛葵木属

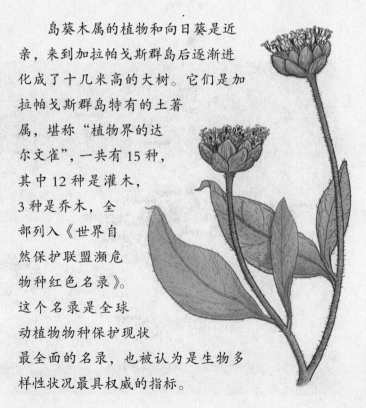

岛葵木属的植物和向日葵是近亲，来到加拉帕戈斯群岛后逐渐进化成了十几米高的大树。它们是加拉帕戈斯群岛特有的土著属，堪称"植物界的达尔文雀"，一共有15种，其中12种是灌木，3种是乔木，全部列入《世界自然保护联盟濒危物种红色名录》。这个名录是全球动植物物种保护现状最全面的名录，也被认为是生物多样性状况最具权威的指标。

荒野 手记

掌握了植物分类的最新法宝，这下你心里或许有点谱了。但别急，以下这些也是你野外生存的必备知识哦。

采集需要的登山绳索我已经找到了，这次我还需要找一份地图。哇！这里有一本爷爷年轻时写的《荒野手记》，真是天助我也！先看看野外有什么美味的食物吧。

挑战味蕾——蔷薇科植物

蔷薇科

蔷薇科，花萼齐，花萼花瓣5基数，

杯状花托雄蕊多，雌蕊一枚或多枚。

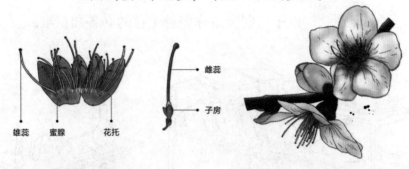

雄蕊　蜜腺　花托

雌蕊

子房

（1）蛇莓和草莓

1980年6月17日 天气 雨

　　连日阴雨的天气已经持续了一个多礼拜了，今天收获很大，采集到了一种少见的药用植物。山路泥泞，又饿又冷，我看到路边的狗尾巴草里有一点一点的红色果子，长得很像草莓，好诱人，可不可以尝尝？

"野草莓"　　　草莓

长得真像草莓，我尝尝看！

"野草莓"和草莓的共同点：

	"野草莓"	草莓
果实	肉质肥厚的果实上面有种子状的瘦果	
花瓣	五瓣花瓣花萼	
叶片	三出复叶	
萼片	有副萼和萼片在果实下面	

　　其实啊，这种植物叫做蛇莓，和草莓有很近的亲缘关系，同属蔷薇科，多野生于山坡上、草地上、路旁、沟边或田埂杂草中，全国各地都有分布。它虽然小小的，并不起眼，但全草可供药用，有清热解毒的作用，又能治某些毒蛇咬伤等，所以被叫做蛇莓。

　　小秘诀：你也可以观察一下，周围是不是有很多被小鸟和虫子吃掉一半的蛇莓，这也是植物可不可以食用的依据之一。

食用蛇莓时，要洗净，注意卫生！

（2）火棘和南天竹

1980年8月6日 天气 时有阵雨

中午下了场暴雨，丛林中闷热异常，衣服就没有干过，嗓子像在冒火一样，后来恰好看到一处山泉，猛喝一气，真是解渴。但也许是体力消耗过大，饥饿随之而来，很幸运的是，看到了一大片火棘，一顿饱餐。

火棘，别名救军粮。传说三国时期，曹操大军讨伐张角，将士们饥渴难耐，曹操用计"望梅止渴"后，将士们无粮可充，正好遇一片火棘林带，有饥饿士兵摘食后感觉不错，全军以其充腹，救了整个军队，所以称其为"救军粮"。

有一种植物虽然看着很像火棘，但其实是南天竹，属于小檗科。这种植物是有名的园林绿化植物，具有良好的吸尘和观赏特性。但小檗科植物多含有多种有毒生物碱，是不能食用的。请仔细观察它们之间的区别：

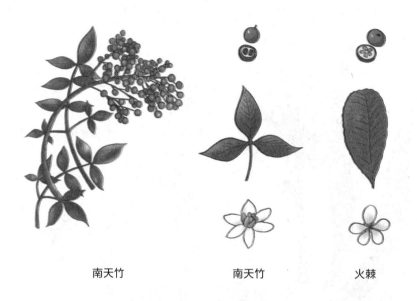

南天竹　　　　　南天竹　　　　　火棘

	南天竹	火棘
果实	果实内只有两颗种子，而且果肉非常薄	果实内5瓣种子长在一起，外边包有果肉
叶片	三出羽状复叶	单叶
花瓣	花瓣萼片以3为基数	花瓣萼片以5为基数

荒野法宝：如果你在野外饿了，寻找蔷薇科的植物果实或许可以解燃眉之急！记住，看到有5瓣花瓣、单叶、果实里有多粒种子的，往往就是蔷薇科植物了。

止血良药——五加科的植物

五加科

草本木本常具刺，伞形花序或头状。

辐射对称花较小，果实浆果状核果。

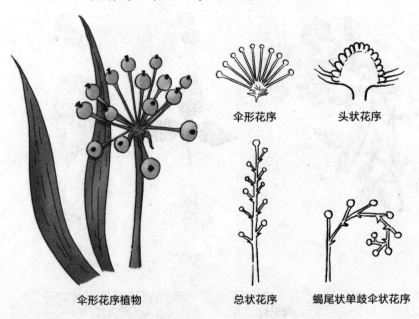

伞形花序

头状花序

伞形花序植物

总状花序

蝎尾状单歧伞状花序

五加科最常见的花序是伞形花序和头状花序，
也有总状花序和蝎尾状单歧伞状花序。

1981年10月15日 天气 雨后初晴

　　山间的雨下了好几天，终于放晴了，山间挂着
彩虹，感觉心情愉快，步伐也不由地加快。
　　哎呀，谁知道山路的泥还没干，我一个跟头
从山顶滚到了山脚下，腿上被石头划开了好大的口

子，血不停地向外冒。我尝试着用绷带缠住伤口，可是伤口太深，血怎么也止不住。

天啊，我是不是要死在这里了？！正当我绝望的时候，树阴下的一株结一大簇红果的植物引起了我的注意，多亏了它我有救了！

我连忙把这株植物连根拔出来，它的根茎膨大，像人参状。我掰开它的根茎，把它嚼碎呈糊状后，涂在我腿上正在不停流血的伤处。渐渐地血流减少了，十几分钟后伤口的血终于止住了。

五加科植物三七是云南白药的主要成分，是外伤止血、活血化瘀的良药。云南白药的具体成分和工艺是国家绝密资料。

运动时候崴了脚，用云南白药，好得快！

请务必敬而远之——天南星科植物

天南星科

草本常有球根茎，体含乳汁气生根，

肉穗花序佛焰苞，浆果密集穗轴生。

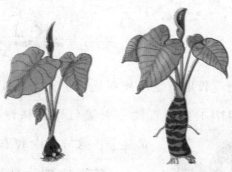

1977年8月26日 天气晴

今天实在是糗大了！

今天正走得饥肠辘辘的时候，看见地上有大片的叶子像芋艿一样的植物，就想着这一定是可以吃的芋艿，于是就费了老大劲把它的块茎挖出来，生了火烤着吃。

谁知道它的味道不仅很奇怪，而且咬了一口以后我的嘴唇就肿起来了，还闭不起来，口水从嘴角流下来真恶心。

还好我在深山老林，没有人看到我，没有人会知道这件事。天啊，怎么办，我的嘴到现在还像香肠一样肿着！（危险动作，切勿模仿！）

常见的天南星科植物滴水观音，又名佛手莲。它也有球茎，和芋艿长得很像，但其实，它的叶汁和根茎都有毒。

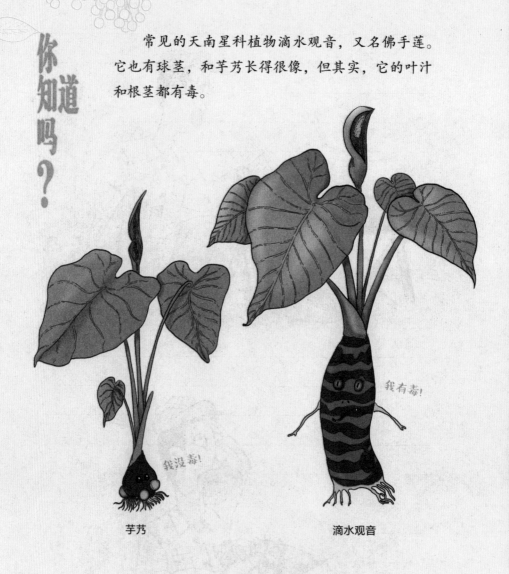

我没毒！

我有毒！

芋艿　　　　　　　　　　滴水观音

天南星科植物的花很特别，花苞长得像庙里面供奉佛祖的烛台而得名"佛焰苞"。而整个"佛焰花序"，恰似一枝插着蜡烛的烛台。我们常见的红掌、马蹄莲都是天南星科的植物。虽然它们很好看，但是你可要当心了，轻轻地咬上一口就可以让你流一整天口水。

走进厨房：免烤甜甜植物饼

你是不是也迫不及待想了解更多关于植物的秘密，成为一名植物猎人呢？不要着急，先根据下面的步骤做一份免烤植物饼品尝一下吧！

免烤甜甜植物饼

❶ 准备一个大碗

❷ 加入植物种子制作的饼干碎屑

❸ 加入风干的核果

❹ 加入蔗糖

❺ 倒入花生酱

❻ 用勺子混合均匀拍成甜饼

❼ 撒上芝麻

❽ 放入冰箱冷藏

叶子里的学问可大着呢!

我要学习怎么像植物学家那样描述叶子。

扫码了解我们的教育活动

2

叶子
真奇妙

对于一名优秀的植物猎人来说，识遍天下叶都不为过。什么？你觉得认识叶子太小儿科了？那就看看你的知识储备够不够吧！准备好接受考验了吗？

在这三片叶片中，哪一片是完全叶？

通常一片合格的完全叶身上要具备叶片、叶柄、托叶三种元素，如果缺少其中一样呢？就是不完全叶了。像豌豆的叶有叶片、叶柄、托叶三部分，所以是完全叶。甘薯的叶没有托叶，所以是不完全叶。油茶的叶只有叶片，没有叶柄和托叶，所以也是不完全叶。

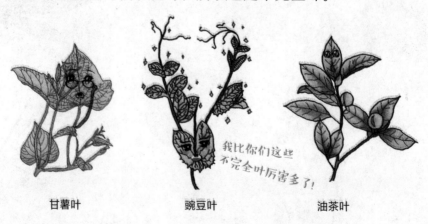

甘薯叶　　　　　　豌豆叶　　　　　　油茶叶

如何描述 叶子的颜值

现在你知道了吧，叶子里的学问可大着呢！想学习像植物学家那样描述叶子，就先从自己动手制作食物开始吧。你可以照着菜谱挑选食材，尝试拌成清爽可口的色拉，捏成健康绿色的饭团，或者制作一杯美味的饮料。嘿嘿，不过，如果不认得这些食材的话，那后果就比较恐怖了！

自己动手丰衣足食的DIY菜谱

主厨推荐色拉	 番茄　生菜　西芹	你只需要将切好的金枪鱼肉、奶酪丁、番茄、生菜、西芹、橄榄油、醋汁倒在同一个碗里，然后搅拌搅拌就行了。
麻酱莴笋叶	莴笋	将莴笋叶在水里烫熟，然后切成条，等凉了之后淋上麻酱。
金丝培根如意卷	豆苗	将金针菇、豆芽用盐水烫一下，和豆苗一起包入培根，煎熟就能吃了。
黯然销魂饭团	香菜　葱	在米饭中包入叉烧、鸡蛋丁、葱，把饭团搓圆，在上面点缀一片香菜叶。
五彩飘香面	　菠菜　胡萝卜　紫薯　南瓜	先榨点菠菜汁、胡萝卜汁，然后把紫薯、南瓜蒸熟压烂，把它们分别加在不同的面团中，拉成面条，下锅煮熟。
薄荷奶昔	　薄荷	将薄荷、牛奶雪糕、牛奶放入搅拌机搅拌后即成。是不是很简单啊？

入门级词汇——叶形

你的饭团用的
不是葱，是韭菜。

爷爷，你怎么能
看一眼就知道这
是韭菜啊？

　　无论是葱还是韭菜，都是植物的叶片。叶片的形状虽
然各不相同，但大致可以分为下面这8种类型，其中葱长
着管形叶，韭菜长着条形叶。仔细观察，你见过哪几种？

□ 卵形叶　　　□ 心形叶　　　□ 扇形叶　　　□ 条形叶

□ 掌形叶　　　□ 针形叶　　　□ 鳞形叶　　　□ 管形叶

你知道哪些植物拥有这些叶形？

那些常见植物的叶形

卵形叶： 车前草、番茄、苹果、桑、柿、女贞、
杏、油菜、杜仲

心形叶： 三色堇、牵牛花、甘薯、紫荆、细辛

扇形叶： 银杏

条形叶： 玉米、小麦、水稻、韭菜、大蒜

掌形叶： 法国梧桐、蓖麻、枫、鹅掌楸

针形叶： 云杉、松

鳞形叶： 侧柏

管形叶： 葱

悠着点！这些丝
可是制作海底电缆的原料。

　　杜仲的叶片与一些榆树类的叶片很相似，当不
能确定它的身份时，可以把叶子慢慢撕开，如果出
现像橡胶一样的细丝将叶子相连，那就一定是杜仲。

如果你认为只要了解植物的叶形，就能认识所有植物，那就太天真了。叶片可是有很多差别的，不信你看看下面的这两片叶子是同一种叶片吗？

鹅掌楸叶是一种比较特殊的叶片，其实它是喜欢形状的一种！北美鹅掌楸的叶片更有风度，鹅掌楸的叶更秀气。

鹅掌楸自传

我们鹅掌楸家族来自一个神秘而古老的世家——孑遗植物世家，我的祖辈最早可以追溯到恐龙生存的侏罗纪时期，当时我的家族还很兴旺。直到距今6500万～180万年前，我的家族成员还剩十几种。由于在自然条件下，我的家族成员都很难产生后代，于是渐渐没落，只剩下我和北美鹅掌楸肩负着重振家族的重任。我永远不会忘记1963年，那年我遇到了生命中的贵人——中国林业育种学家叶培忠先生，他让我和北美鹅掌楸进行杂交，此后经过几代人40多年的努力实验，我和北美鹅掌楸终于产下了融合我们优点的"混血儿"——杂交鹅掌楸！不是我自夸，我家的孩子特别优秀，它还是2008年北京奥运会的指定树种呢！

鹅掌楸名称小档案

马褂木：由于叶片的外形像马褂而得名。

Chinese Tulip Tree：翻译成中文就是"中国的郁金香树"。17世纪时，北美鹅掌楸引种到英国，由于长着一朵朵杯状的花朵，被英国人误认为是中国的郁金香而得名。

蓑衣匡："明末四公子"之一的冒辟疆在游黄山时，被马褂木叶片的奇特形状所吸引，写下了《绿蓑匡》，诗中将鹅掌楸比作仙人脱下的绿蓑衣，后人也因此称其为蓑衣匡。

啤酒花的叶数之谜

啤酒花和葎（lù）草的叶子同为掌形叶，但其叶形略有差异，别被欺骗了哦。啤酒花的叶端凹陷圆滑，葎草的叶端凹陷尖锐。

葎草

啤酒花

通常啤酒花的叶子在主茎上的排布很有规律，在靠近地下根茎部的位置没有叶子，只有细长状的突起物；再上面的位置，依次变为具有叶片和叶柄的不完全叶。在充分发育的植株上，叶的裂沟数从最初的三至五裂开始，到中部的七至九裂，再往上的裂沟数又减少，呈现出1、3、5、7、9、7、5、3、1的裂叶变化。

进阶级词汇——叶缘

生活中你有没有这样的经历：有时候明明觉得两片叶子长得风马牛不相及，但你的老师告诉你，它们的叶形是一样的；有时候又明明觉得两片叶子长得几乎一模一样，但你的老师告诉你，它们的叶形天差地别。别以为是老师在忽悠你，更别担心你的眼睛出了问题，让你产生错觉的罪魁祸首很有可能是叶缘。

别看栾树的叶片是绿色的，
但和白布一起煮的话，
你就会得到一块黑布。
我最近腿脚不好，今天就拜托
你去捡一些栾树叶回来。

嗯，挺像的，
这应该就是栾树叶了！

你捡回来的是槐树叶，瞧！它的边缘很光滑，而栾树叶的边缘有锯齿。

不要以为叶缘的差异是少数现象，它们的形态可比你想象中多。你见过哪些叶缘呢？

□ 全缘
（光滑）

□ 波状
（起伏呈波浪形）

□ 牙齿状
（锯齿平直、尖锐）

□ 锯齿状
（锯齿状，下长上短）

□ 细锯齿状
（锯齿较细小）

□ 重锯齿状
（锯齿之上有小锯齿）

□ 羽状分裂
（叶片较长，缺裂让叶片看上去像羽毛）

□ 掌状分裂
（叶片较圆，缺裂让叶片看上去像手掌）

你知道哪些植物拥有这些叶缘？

那些常见植物的叶缘

全缘： 紫丁香、玉兰、大豆、小麦、女贞、樟、常春藤

波状： 茄、白栎

牙齿状： 糙苏、桑、糯米椴、苎麻

锯齿状： 荨（qián）麻、大麻、桃、苹果、梅、月季、板栗、番茄

细锯齿状： 梨、茜草

重锯齿状： 樱桃、榆

羽状分裂： 白屈菜、艾草、缬草、胡萝卜、橡、荠菜、土豆

掌状分裂： 天竺葵、法国梧桐、槭、贝叶棕

用处多多的贝叶棕

在印度和我国云南傣族地区，贝叶棕的叶片被用来制作刻写佛经的纸张。当地人把贝叶棕的叶片经过修割、水煮、搓洗、晒干等加工工序，然后制匣，用特制的铁笔在上面刻写佛经，刻完后上色，叶面上就出现清晰的字迹，这就是大名鼎鼎的"贝叶经"。比起普通纸张，贝叶就算存放了很长时间，上面的字迹也不会模糊。

❶ 用刀切去叶脉，得到小叶片。

❷ 3至5片小叶片卷成一卷捆好，放在锅里加柠檬煮成略带淡绿的白色。

❸ 从锅里取出叶片，用细沙搓洗。

❹ 晒干

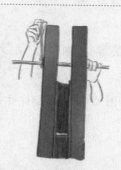

❺ 将贝叶夹在木尺之间，用钉子沿着木尺两边的孔把贝叶钻眼，穿上搓好的线，用刀沿尺匣把贝叶修光滑。

❻ 用"铁笔"在贝叶上刻写文字。

❼ 用油灯烟与肉桂油调制而成的墨水上色。

❽ 用拧干的湿布擦拭。

❾ 成品

傣族人用贝叶写字的技巧你掌握了吗？下次捡到贝叶，不妨尝试用这种方法给朋友写封信。

　　除了叶子可以造纸，贝叶棕的花序、种仁、树干都大有用处呢！

花序可割取
汁液制糖。

嫩种仁可用糖浆煮成甜食。
（注意：成熟种仁有毒不能吃！）

树干髓心捣碎、
加水能提取淀粉。

大神级词汇——叶脉

如果你手边恰好有白纸、铅笔、银杏叶、榉树叶、美人蕉叶，你可以尝试在1分钟内变成画画高手：

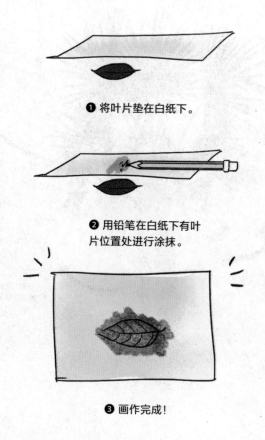

❶ 将叶片垫在白纸下。

❷ 用铅笔在白纸下有叶片位置处进行涂抹。

❸ 画作完成！

你的画作是不是和叶片本身一模一样？是的，在你的画作上，还有许多漂亮的纹路，这些就是叶脉。别看叶脉外表纤细，它们可是肩负着重要任务的，它们就像叶片的"骨架"和"毛细血管"，既能让叶片保持直立，又能向叶片各个部分运输水分和养料。

那些常见植物的叶脉

叉状脉： 各条叶脉是二叉状的，如银杏。

网状脉： 在最粗的主脉上分出了较粗的侧脉，侧脉上再分出较细的细脉互相连接形成网状，如柳、天竺葵、蓖麻、南瓜、苹果、夹竹桃、桃、琵琶、枫、葡萄。

平行脉： 各条叶脉从叶片基部大致平行伸出，直到叶尖再汇合，如玉米、水稻、小麦、藜芦、芭蕉、水仙、香蕉、美人蕉、鸭跖草、蒲葵、棕榈。

你知道吗？

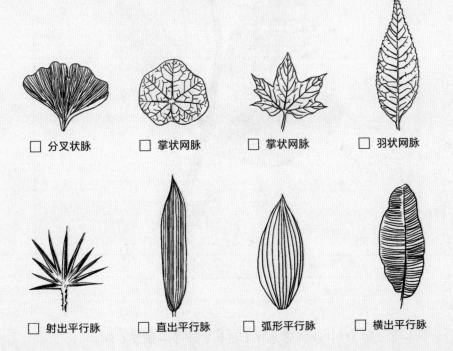

☐ 分叉状脉　　☐ 掌状网脉　　☐ 掌状网脉　　☐ 羽状网脉

☐ 射出平行脉　☐ 直出平行脉　☐ 弧形平行脉　☐ 横出平行脉

它有几片叶子？

数一数下面这幅图上有几片叶子？

7片。你一定在想"什么？明明有7片。"其实
这7片小叶子合在一起是1片完整的叶片，这被称为复叶。

复叶由多片小叶组成，与同等大小的单叶相比，遭受风、雨、水所加到叶片上的压力或阻力会小得多，这是对环境的一种适应。根据小叶在叶轴上排列方式和数目的不同，可以分为：

　　1. 掌状复叶：几枚小叶长在一个共同的叶柄末端上，排列成掌状，如羽扇豆属（代表植物羽扇豆）、七叶树。

　　2. 三出复叶：3枚小叶长在一个共同的叶柄末端上，如苜蓿、三叶草。

　　3. 羽状复叶：几枚小叶长在同一个叶轴上，排列成羽毛状，如槐、蚕豆、皂荚。

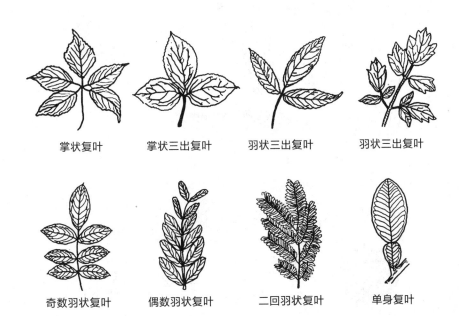

| 掌状复叶 | 掌状三出复叶 | 羽状三出复叶 | 羽状三出复叶 |

| 奇数羽状复叶 | 偶数羽状复叶 | 二回羽状复叶 | 单身复叶 |

鉴定叶子小窍门

在野外采集叶片时，你能一眼就判断出手中拿的是叶缘呈掌状或羽状分裂的单叶，还是掌状或羽状复叶吗？下面是鉴定小窍门，将它们牢牢记住，你就能加入植物猎人的行列了。

1. 叶缘分裂的单叶，裂叶有大有小，不会有小叶柄。
2. 复叶的小叶大小比较一致，而且有明显的小叶柄。

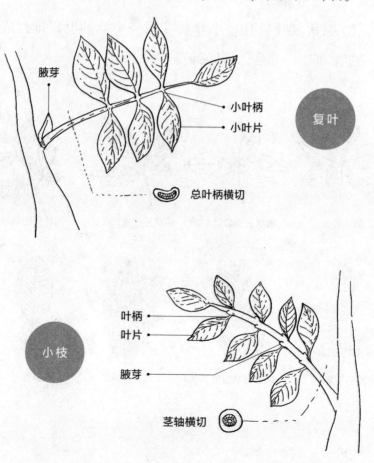

腋芽

小叶柄

小叶片

总叶柄横切

复叶

叶柄

叶片

腋芽

茎轴横切

小枝

实例1：醉蝶花有小叶、叶柄，所以是掌状复叶；大麻没有小叶、没有小叶柄，所以是掌状分裂的单叶。

醉蝶花

大麻

醉蝶花名称小档案

醉蝶花：原产南美热带地区，就像它的名字一样，醉蝶花盛开时，花朵犹如翩翩起舞的蝴蝶。

Spider flower：由于它长长的雄蕊看上去很像蜘蛛的脚，所以得到这个英文名，翻译成中文就是"蜘蛛花"。

夏夜之花：醉蝶花在傍晚开花，第二天白天就凋谢，所以被称为夏夜之花，开花时花瓣会慢慢张开，长爪由弯曲到从花朵里弹出，就好像电影快镜头慢放一样，如果有机会，你一定要欣赏一下它开花的过程，很有趣哦！

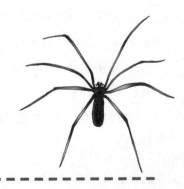

实例2：合欢有小叶、叶柄，所以是羽状复叶；羽叶茑（niǎo）萝没有小叶、没有小叶柄，所以是羽状分裂的单叶。

合欢　　　　　　　　　　　羽叶茑萝

茑萝名称小档案

　　茑萝：原产墨西哥，《诗经》中有这样一句话，"茑为女萝，施于松柏"，其中茑、女萝这两种植物都是寄生在松柏上的植物。茑萝的外形既像茑，又像女萝，所以就综合了这两种植物的名字。

　　狮子草：在我国的园林布景中有一种手法叫做"地景"，过去的花工常常将竹子骨架做成狮子的造型，让茑萝攀援在上面，最终就得到了一头绿色的狮子。

　　五角星花：西方人根据它花朵的形状而取的名字。

　　新娘花：常常被用来制作新娘的捧花。

一种植物 几种叶形

　　17世纪末，在普鲁士王宫里，大哲学家莱布尼茨提出："世界上没有两片完全相同的树叶。"不少人摇头不信，并有人请宫女去王宫花园中找两片完全相同的树叶，想以此推翻这位哲学家的说法，结果谁也没有找到这样的树叶。因为乍一看，树叶好像完全一样，可是仔细比较，却是截然不同。那么你有没有见过同一种植物上的叶片，即使乍一看也是截然不同的呢？

卷心菜叶十八变

　　卷心菜在生长过程中，叶片会呈现两种不同的形态，一种叫作"莲座叶"，另一种叫作"结球叶"。

第二阶段
等到叶片长到17~30枚的时候，内部的叶片相互包裹起来，叶柄也逐渐缩短甚至消失。

第三阶段

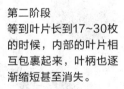

第一阶段
生长初期，有着长叶柄的叶片呈卵圆形，它们螺旋分布在茎上，像一朵展开的绿色莲花。

水上水下两种叶

　　水毛茛的叶形与它生活的环境密不可分。水上的气生叶形状像手掌，这种宽大的叶片可以吸收更多的阳光，帮助植物进行光合作用；但是水下空气少、阳光少，细丝状的沉水叶可以帮助植物吸收较多的气体，而且也可以减少水流的冲击。

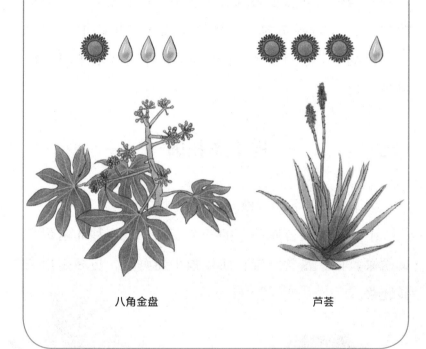

　　植物叶形除了与它们本身具有的遗传特质相关，也和它们生存的环境相关。请将下面两种植物与它们的生活环境用直线相连。

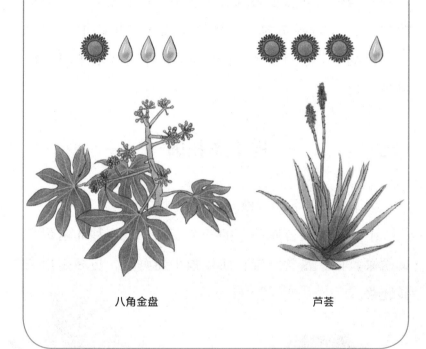

八角金盘　　　　　　　　芦荟

八角金盘是一种阴生植物，生长在光线不足的环境中，其叶片大型，这样就增大了叶面积，有利于叶片接受更多光线，进行光合作用。同时，八角金盘的叶片颜色多为墨绿色，因此叶片的颜色显得更浓。芦荟是一种耐旱植物，它的叶片肥厚多汁，可以储存大量的水分，以供应旱季生长。

美食菜谱 中的植物

在美食菜谱中，植物叶片做出了巨大贡献。然而考虑到一些植物的名字太难念了（也有可能是大家根本不会念），人们喜欢为一些菜谱中出现的植物取个简单易懂的名字，接下来你将了解到各种闻所未闻的植物学名……

梅干菜扣肉

梅干菜，学名雪里蕻（hóng）。

十字花科芸苔属芥菜的一个变种，是一种非常耐寒的蔬菜，由于富含纤维，所以很少新鲜吃，更多是用来做腌菜。

人们常常把我叫做梅干菜，其实我的本名可拉风啦！那就是雪里蕻。
有时候我也会去老坛酸菜、雪菜肉丝那儿串串场。

豆豉鲮鱼油麦菜

油麦菜，学名莴苣。

菊科莴苣属，是叶用莴苣的一个变种，别名牛俐生菜。也许莴苣、生菜已经把你弄晕了，其实生菜是所有叶用莴苣的统称，只是人们根据口味喜好，把莴苣栽培成了不同的食用品种。但因为油麦菜的叶片中莴苣素含量更高，所以口感偏苦，加上和生菜长得不像，很多吃货都拒绝承认油麦菜是生菜。

我才是正版油麦菜，
好多地方会把我和茎用莴苣——莴笋搞混，
切记叶片平展、又细又长的才是我，
莴笋的就比较宽、短了。
如果能看到茎就更容易分辨了，
我的茎又细又短，莴笋的茎很粗大。
以后别再闹出豆豉鲮鱼莴笋叶的乌龙事件啦！

虾酱空心菜

空心菜，学名蕹（wèng）菜。

旋花科番薯属，你没看错，它确实和冬天的宠儿——烘山芋是近亲，不过蕹菜本身喜欢在高温高湿的地方生活。由于北方人民在夏天时能吃到的绿叶菜种类不多，所以作为一种好养活的蔬菜，它自然被列入了引种到北方的蔬菜名单。

当初不知道是谁，
因为我长着空心的茎，
就给我取了"空心菜"的绰号，
时间一长，当我回过神来的时候，
才发现大家都只记得我的绰号了。
大家都说我和臭臭的东西是绝配，
比如豆腐乳、虾酱什么的，
你觉得呢？

这些也是叶子？！

　　也许和大多数人一样，你也认为对于植物而言，进行光合作用是叶片唯一的贡献。不过为了改变人们的偏见，一位植物猎人打算举办一场另类叶片选秀大赛，让人们认识一下叶片家族中鲜为人知的贡献者。你可以认真阅读一下下面的选手介绍，它们是不是打破了你对叶片的认识？

仙人掌叶片（叶刺）

外貌特征：退化成像刺一样的形状。

贡献价值：帮助植物减少水分的散失。

选手自述：听说干旱地带和我更配哦！植物在进行光合作用和呼吸的过程中会大量消耗水分，而我可以缓解植物的"口渴"症状。

豌豆叶片（叶卷须）

外貌特征：变成卷须一样的形状。

贡献价值：帮助植物抓握他物，保持直立。

选手自述：由于我的茎秆细弱、支持力不足，所以我让复叶顶端的几片小叶变为卷须，这样就能抓握住其他物体，充分享受"日光浴"啦！

食虫植物叶片组合（捕虫叶）

外貌特征：形态各异，常有分泌黏液和消化液的腺毛。

贡献价值：帮助植物补充营养。

选手自述：这是瓶状的猪笼草，那是盘状的茅膏菜，当植物住的地方没办法提供充足的食物，我们就能派上用场了，抓点虫子当零食，嗝……真美味。

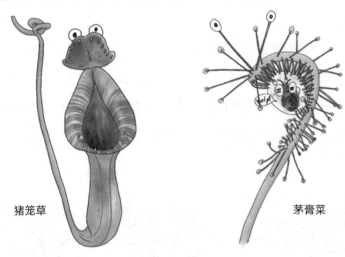

猪笼草　　　　　　　　　　　　　茅膏菜

洋葱叶片（鳞叶）

外貌特征：肥厚的鳞片状。

贡献价值：帮助植物储存营养。

选手自述：如果你愿意一层一层地将我剥开，你会发现，你会讶异，这都是我的叶……别看我肉嘟嘟的，里面可是满满的营养物质。

叶！我有特殊的技能

除了那些另类的叶片，常见的叶片也有很多不为人知的技能，一起去看看吧。

独叶成株

景天科伽蓝菜属的植物既可以像普通的植物一样，通过花粉和果实孕育后代，也可以通过叶片产生后代。把它成熟、充实的叶片平放或斜插在沙土中，不浇水，而是经常喷雾保湿，等叶片长出不定芽后，就是一株新的幼苗了。

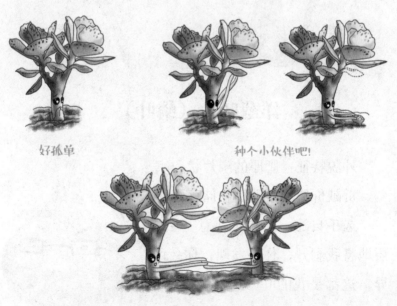

好孤单　　　　　　　种个小伙伴吧！

好朋友，手拉手！

叶上生花

山茱萸科青荚叶属的植物会在初夏开花，与其他植物不同的是，它们的花是生在叶面中央主脉上的。

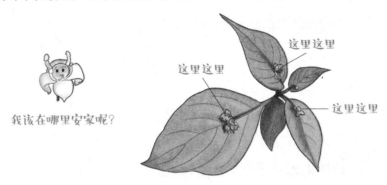

我该在哪里安家呢？

这里这里

这里这里

这里这里

叶腋结球

十字花科芸薹属甘蓝变种的抱子甘蓝，是甘蓝中长得最高的，一般株高30厘米到50厘米。普通卷心菜的叶球是由"头顶"的叶芽变成的，而抱子甘蓝则是由"腋部"的叶芽长成的。

兄弟，你那胳肢窝里长的是什么？

脑洞大开的叶子工坊

在领略了叶子的奇妙魅力后，你是不是有点蠢蠢欲动，想把它们变成美丽的艺术品呢？下面为你推荐两种制作工艺。

叶片拼贴画

制作工艺：排列+组合+粘贴

推荐人群：创意无极限人士

1）构思你的拼贴画中有哪些图案；2）收集对应叶形、叶缘的叶片；3）将叶片摆出相应的造型后粘贴在画纸上。如果需要，还可以画一些图案让拼贴画更完美！

试试做成松鼠形状的叶片拼贴画？

叶脉书签

制作工艺：剔肉留"骨"

推荐人群：重口味爱好者

请你按照以下提示操作，但要记得氢氧化钠（俗称烧碱，化学式为NaOH）有腐蚀性，小心！小心！小心！重要的事情说三遍！别直接用手触碰，尽量请爸爸妈妈帮你调配溶液。

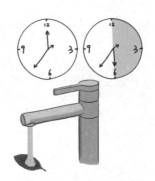

❶ 煮叶片：用不锈钢锅装10%浓度（浓度根据实际叶量需要适当增减，最高可达20%）的NaOH溶液适量，将树叶放入，并用电磁炉将溶液煮沸，煮5~10分钟（根据叶片厚薄），将叶片煮至咖啡色即可。

❷ 流水冲洗：至少30~60分钟。

❸ 处理好的叶片用清水浸泡过夜。

❹ 小心地用牙刷刷掉叶肉，直至露出完整的叶脉。

❺ 把叶脉放入红墨水或蓝墨水里浸1~2个小时。

❻ 拿出晾干，完成！

我一定要认识这些"光棍"吗？

如果是叶子、花和果实还有点意思，

这枝干除了当木柴烧，当拐杖用以外，

既不好看也不好吃。

—

扫码了解我们的教育活动

植 物 不 简 单

3

被忽略的
"光棍"

这是什么植物?

　　也许你已经认识了许多植物，但是，嘿嘿，如果叶子都摘了，只剩下光秃秃的枝干，你还能认得它们吗？

　　的确，大部分树枝树干都走低调路线，比如颜色，基本都是灰色、褐色、棕色，顶多来个嫩绿算是小清新了。不过，还真有一些枝干不走寻常路的！如果你从来没有关注过这些"光棍"的问题，那一定要好好看看接下来的内容，即使以后面对光秃秃的树枝，你也不会被问倒啦！

千奇百怪 的枝干

树皮大不同

也许你见过雨后的彩虹，吃过彩虹糖，但你不一定知道有一种树叫彩虹桉树，它自带"迷彩装"，拥有如彩虹般绚丽的树干。

彩虹桉树是自然分布在北半球的唯一一种桉树，可长至60多米高。其原产地是印度尼西亚、巴布亚新几内亚和菲律宾，现在已被引入许多国家，中国也有种植。在菲律宾，它是主要的木质纸浆来源。彩虹桉树这种与众不同的彩色现象是由于每块树皮在不同时间脱落，树皮颜色的不同代表它暴露在外的时间长短不同，外面的树皮脱落后，刚刚暴露出来的内皮是亮绿色的。随着时间流逝，树皮颜色逐渐变暗，变成蓝色、紫色、黄色，最终变成栗色。

　　不仅是树皮的颜色，树皮的图案和纹理也会随着树的生长而演变，因为树干的外皮由死细胞组成，不能生长，当树干长粗时，树皮就会裂开。不同的树木开裂的形式不同，就会形成不同的图案和纹理，这也是识别树的有用特征，在一年的任何时间都可利用。

榔榆奶奶，推荐你一款乳液，我用完皮肤开裂减缓好多。

白榆奶奶，别开玩笑了，你的是条状开裂，我的是片状脱落，症状完全不同啊！

奇形怪状的枝干

除了给自己装饰绚丽的颜色，有些树木还在拗造型方面下足了功夫。

身姿"婀娜"

说起拗造型界的"老大哥"，不得不提松树。中国的黄山松姿态万千，激发了我们无穷的想象力，随便列举一些黄山松的名字——"探海松""倒挂松""卧龙松""连理松"，绝对可以组齐一套武侠招式。此外，在波兰的一处松树林里，人们还发现了上百棵树干全部向北弯曲生长的松树，这个地方被当地人戏称为"弯弯林"。

亲爱的，这里有好多座椅，快来休息一下吧！

朋克"铆钉"

如果你对各种曲线美还不够感冒，那接下来就进入朋克模式，看看各类自带扎人"铆钉"的朋友们。这些自带摇滚风的"铆钉服饰"也是款式多样。

刺桐的树干

先来看一款比较常见的圆锥状"铆钉"。喜爱穿着这款"服饰"的有常见的玫瑰，还有树界高挑的"模特"——木棉、刺桐等。

植物学家把这种"铆钉"归类为皮刺。皮刺来源于植物表皮，因为皮刺生长的位置不固定，在枝干、叶片、叶柄上都可以出现，所以穿这款"铆钉装"的树木绝对不用担心"撞衫"。不过皮刺易于剥落，所以这款"铆钉大衣"很容易遭到"质量投诉"——"铆钉"又掉啦。

你们这衣服质量也太差了吧，我才穿一天铆钉就掉了一半！

如果你对衣服质量要求很高，这里可以推荐另一款升级版——分枝状"铆钉装"，它的代言"模特"是皂荚，没错，就是果实可做洗涤剂的皂荚。

皂荚的树干

植物学家把这种"铆钉"归类为枝刺，枝刺来源于枝条，质地坚硬，不易折断和剥落。这种粗壮尖锐的"铆钉"可不是吃素的，像皂荚的"铆钉"可以长达16厘米，绝对是一款"生人勿近"的服装典范。

风味独特的枝干

反驳完"不好看",接下来再答辩一下"不好吃",当然不是要叫你啃树皮,嚼树枝,今天我们来说点新鲜的吃法。

红柳

如果你有机会到新疆南部吃一次当地的羊肉串,你会发现串羊肉的棒子似乎有点特别,它既不是铁丝,也不是竹签,而是一种红色的奇特树枝——红柳枝,据说用它串的羊肉烤出来有一种特殊的植物香味。嗨嗨……口水擦一擦,红柳树在当地随处可见,人称多枝怪柳,这种植物枝干繁茂、长相奇特,在串羊肉之前其嫩叶也算羊的食物之一,简直是让羊又爱又恨。

菠萝蜜

如果你是一个菠萝蜜，你打算长在树的什么位置呢？你该不会选树根吧，菠萝蜜又不是红薯、花生，再说那么大个挖起来多费劲啊。我猜你选的是顶端的树枝，毕竟在嫩枝上开花结果是常识。可惜那儿太高了，传粉的昆虫一般都不爱去。如果你选了靠下的主干和枝条，赶紧买个菠萝蜜庆祝一下吧，因为你和它想的一模一样。

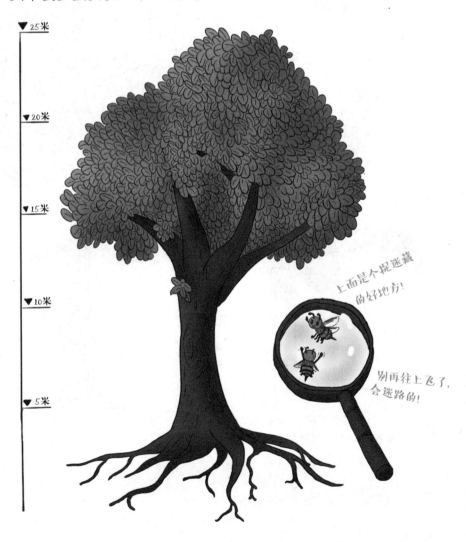

▼ 25 米

▼ 20 米

▼ 15 米

▼ 10 米

▼ 5 米

上面是个捉迷藏的好地方！

别再往上飞了，会迷路的！

这种老茎生花、结果的现象其实在热带雨林还挺常见的，比如可可树也是如此，它们把花朵开在老枝和树干上，那里远离密密麻麻的树冠、灌木草丛，比较空旷，花朵容易被昆虫发现和光顾。

芭蕉：　Hi，朋友你今年几岁啦？
菠萝蜜：我今年刚满十八。
芭蕉：　别开玩笑了，你当我看不见
　　　　你皮肤上的皱纹吗？
菠萝蜜：那你没看见我的青春痘吗？

树枝 不脸盲

到这里已经介绍了不少造型独特、好玩好吃的枝干，你对树枝的印象有没有那么一点改观呢？你也许还是会反驳：上面说的都只是一些特例而已，大部分常见的树干、树枝还不都是毫无特色的"大众脸"。非也！非也！里面可是大有玄机哦！

你也许和故事中的王子一样，分不清玫瑰和月季，告诉你一个坏消息，现在花店卖的"玫瑰"其实大多都是月季。确实，从花骨朵上看两者非常相像，不过要分辨两者有一个非常简单的方法，就是看枝干。

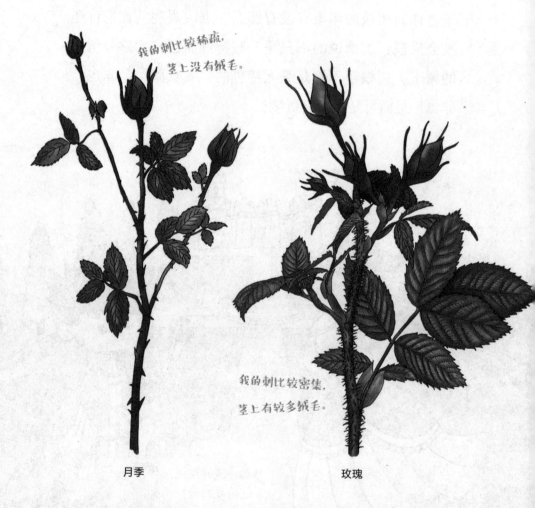

我的刺比较稀疏，茎上没有绒毛。

我的刺比较密集，茎上有较多绒毛。

月季　　　　　　　　　　玫瑰

看吧，如果能通过枝干来分辨不同的植物还是挺管用的，至少你不会因为区分不了玫瑰和月季而被未来的女朋友嫌弃啦。

一分钟看懂植物图鉴

你以为只有看数学书会睡着吗？你试着看一本植物图鉴，简直和深奥难懂的文言文有一拼了。嘿，别着急嘛！接下来教你一个解密专业名词的诀窍，保证你一分钟看懂专业术语。

妈妈，大哥哥是在背古文吗？

紫荆，
一年生枝淡褐色或褐色，
树皮老时粗糙，浅纵裂，
密生锈色皮孔。

只要你不是脸盲症患者，其实分辨树枝和分辨人几乎是一模一样的，只要把树枝看做人，看看它长不长

"痘"、有没有"疤"……现在就来教你认识下什么是树枝的"痘印""毛孔"和"胎记"。

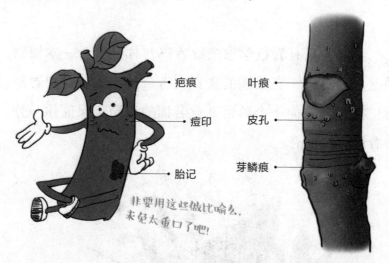

疤痕
痘印
胎记

叶痕
皮孔
芽鳞痕

非要用这些做比喻么，未免太重口了吧！

痘印（叶痕）：痘印那是青春留下的记号，叶痕那是叶片存在过的痕迹。叶片在不同树枝上生长的规律不同，还好叶落留痕，我们才得以还原"光棍"枝繁叶茂的青春时刻。

毛孔（皮孔）：有的树枝上可以清晰地看见许多小斑点，虽然小斑点上没有毛，比起"雀斑"我还是更愿意被比作"毛孔"，因为这是植物气体交换的通道。不同的植物，其皮孔的形状、色泽、大小是多种多样的。

胎记（芽鳞痕）：有些树枝可以看见一圈圈的疤痕，这可不是植物"上吊"勒出来的。每一根枝条都是从幼嫩的芽发育而来，冬天出生的芽会被包裹上防寒大衣——芽鳞，一旦这些芽展开长大，外部鳞片就会脱落留下痕迹，这可不就是树枝儿时的"胎记"？

当然，只会一些单词怎么能行，我们要对付的可是植物书上整段整段的句子！下面我们就来观摩一下：如何一分钟让植物说人话！

紫荆姐姐，你说的才比较像"人话"嘛。

紫荆，一年生枝淡褐色或褐色，树皮老时浅纵裂，密生锈色皮孔。

我一岁的时候肤色是淡褐色或褐色的，老了以后皮肤有浅浅的纵向开裂，那皮肤上毛孔很明显，和铁锈的颜色差不多。

接下来就轮到你自己来扮演一次植物学家啦！还记得让你抓耳挠腮的那根树枝吗？下面给出了两种植物枝干的图鉴描述，你能准确判断树枝的身份吗？

A银杏：树皮灰褐色，幼树树皮浅纵裂，叶痕螺旋状互生，半圆形。

B水杉：树皮灰褐色，幼树裂成薄片脱落，叶痕小，近圆形。

你也许会发现用枝干区分树种还是有一定难度的。正确答案是银杏。的确，植物学家还是多以差别明显的花、果实、叶片为主要的鉴别依据，不过在冬季前三者都没有的情况下，树干树枝的鉴别方法就帮上大忙啦！

我们与枝干

　　不管你喜不喜欢植物，植物在我们身边无处不在。所谓不懂植物学的文艺青年就不是一个好美食家。在日常生活中，有一点植物的知识傍身，还是挺有用的。

砍不死的树

　　若要问世界上工龄最长的伐木工是谁，那自然是在月球上砍了几千年桂树的吴刚了。不仅如此，吴刚还是工作效率最低的伐木工，他砍的桂树不仅高达五百丈，还能自动愈合斧伤，所以砍到现在吴刚也没砍完半棵树。

所以世界上真的存在拥有金刚不坏之身的月桂吗？虽然没有那么夸张，但有一种叫做"肉桂"的家伙可算是皮厚耐砍的典范！没错，它的树皮就是我们拿来炖汤的"桂皮"。都说树活一张皮，很多树木没有了树皮就会因为无法传递营养物质而死去，但肉桂树的萌发能力很强，虽然被剥皮的枝干无法存活，但只要不伤及根系，加上良好的营养，很快就会有新的枝干蓬勃而出。

隐形的枝干

　　你真以为木神失误了吗？树木的枝干可不是只能做成木桌、木凳、木屋，在我们生活中其实隐藏着很多树木的身影，比如有些轮胎里的橡胶就是取自橡胶树里的乳状汁液。

　　人类这个物种说来挺怪的。我们喜欢看人笑，却总是把树弄哭，除了橡胶树以外，我们还弄哭了好几种树木，原因就是他们的"眼泪"给我们的生活带来了不少便利。

乳香木

乳香是一种古老的香料，它来源于一些可以产生芳香树脂的橄榄科乳香属植物，这些产乳香的植物统称为乳香木。

漆树

漆树树干上会流出一种黏稠的液体，这种液体除了能着色，还能保护树干不被腐蚀，这便是油漆的原料。

胡杨

胡杨大多生活在干旱的盐碱地里，为了解渴，胡杨将大量盐碱水"吞"进肚里，通过层层过滤，将盐碱水排出体外。把盐碱水蒸干后便得到可食用的生物碱。

看不见的  森林

说了那么多树干树枝的故事，大多还是停留在外貌上。这可不是一本肤浅的科普读物，最后，我们来说一说树干树枝的"内在美"！

听树木讲故事

为什么要听树讲故事？因为他们够老！虽然没有真的千年树妖，但确实有很多树都活到了几千岁，比如在我国陕西就有一棵柏树（轩辕柏）年龄高达5000岁。就这么在一个地方待上数千年，这些老树肯定知道不少故事。

100年前，一只乌鸦在你站的位置上了个大号，然后就有了你！

爷爷，咱能专业点嘛？这叫动物传播种子。

答案 A 点是今年生长的，B 点是树刚出生那年形成的。你选对了吗？每一年，树木的腰围都会向外长一圈，所以最靠外面的是最年轻的。而且每一年增加的粗细似乎都不太一样，那是因为每年的气候条件都不一样。在吃饱喝足的情况下自然容易长"胖"，一旦遇到干旱、虫害自然会营养不良。所以通过研究年轮我们可以了解当时的气候、虫害甚至环境污染的情况。

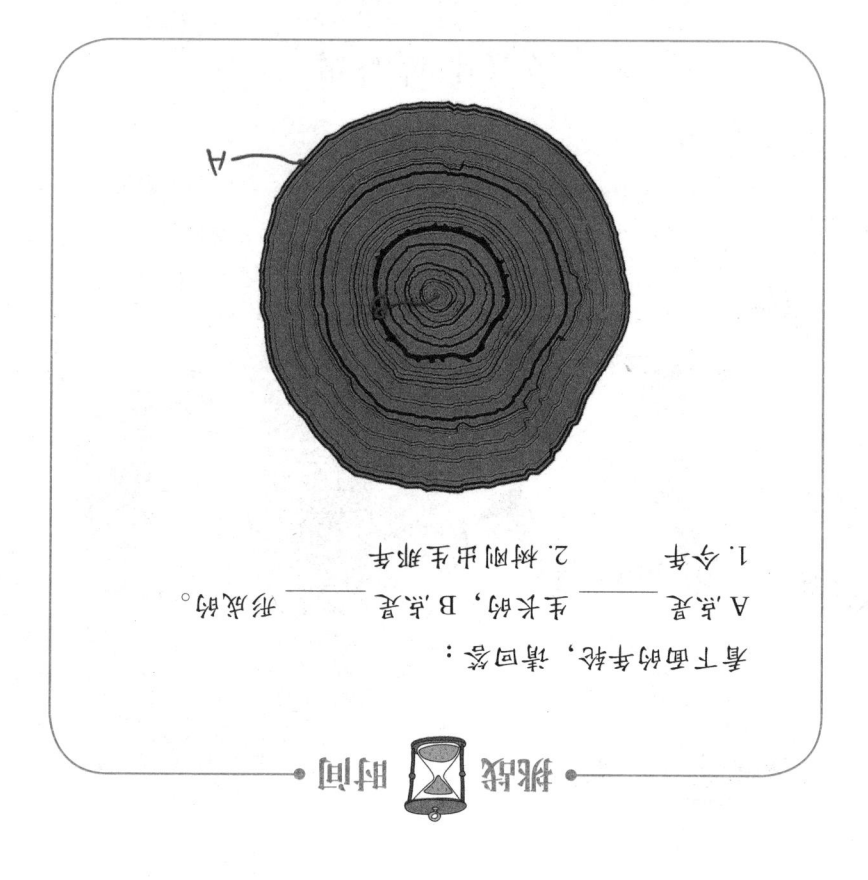

看下图的年轮，请回答：

1. 今年 _____

2. 树刚出生那年 _____

A 点是 _____ 生长的，B 点是 _____ 形成的。

轻松 时间

可是树并不会说话啊！那这又有什么关系，你不知道树都有写日记的习惯吗？他们把每一年的成长轨迹记录在从下往外画圈。

如果研究人员为了研究古代气候而砍伐树木，那和伐木工有何区别？为了尽可能减少对树木的伤害，研究人员化身"另类钻木工"，没错，就和极地钻取冰芯差不多。

科学家正在钻木取芯

森林封印大法

说起森林你会想到什么颜色？普通大众想到的是叶子的绿色，绿色是环保的象征，绿色的叶子可以净化空气，可以把空气中的二氧化碳转化为动物赖以生存的氧气。在生态学家、伐木工人眼中，森林里还有大量褐色、棕色的枝干，如果说叶子是二氧化碳的加工厂，那树干树枝就是加工产物碳的仓库。

抓住碳，别让它们跑了！

你们还是乖乖待着吧，出去造成地球温室效应可是重罪。

在古生物学家、地质学家眼中，森林还可以是黑色的，当然，不是"黑森林蛋糕"，而是经历地质变迁，被"封印"在地下的森林——煤炭资源。如果说被封印在树干树枝里的碳被判处的只是短期徒刑，随时可能因为森林大火、伐木砍树解脱出来，那"地下黑森林"可算是碳暗无天日的长期地牢。之所以没说是无期徒刑，那是因为人类对煤炭资源的利用，让一些封印已久的碳开始重见天日。

燃烧吧！封印解除！

从森林到煤炭需要千百万年甚至更长的时间，而燃烧煤炭解除封印却只需要几分钟。在我们佩服人类"超能力"的同时，是否也该多考虑下温室效应的后果？至少看在森林辛苦封印的份儿上嘛。

花朵需要"红娘"，

种子需要"密友"，

它们都是植物传宗接代的坚强后盾。

扫码了解我们的教育活动

植物不简单

4

花朵
成长记

记录自然笔记是一名植物猎人应该养成的好习惯，里面的文字、图片对于自己、对于其他人来说都是宝贵的精神财富。不信你就看看我这份内容详细的自然笔记，里面记录了一颗小小的玉米粒默默地积蓄能量，破土而出，经过自然的考验，最终摇身一变成为新植株，完成了繁衍后代的使命，更为人类提供了粮食的"励志故事"。

4 月 8 日　玉米粒快长大！

　　自然老师布置了一个作业，要求种植一种与墨西哥有关的植物，通过检索资料，我知道玉米不仅起源于墨西哥，在当地更被认为是保护神，选择这个植物，一定没错啦！这个季节也正是播种玉米的好时候。

　　昨天，我通过小实验给那些玉米测了活性，还好，都很健康，今天在爷爷的指导下，我把玉米粒种进了土壤里，不知道什么时候会冒出小叶子？爆米花可是看电影的绝配，那么玉米花可以吃吗？好期待！

6 月 3 日　玉米开花啦！

　　快两个月了，玉米长出秆子和叶子了。在顶端和叶片与枝条之间还长出了不同的花。和

想象中的不大一样，
爷爷告诉我，顶端的
是雄花，叶片与枝条
之间的是雌花。原来
小小的玉米花还有区
别啊，学问可真多！

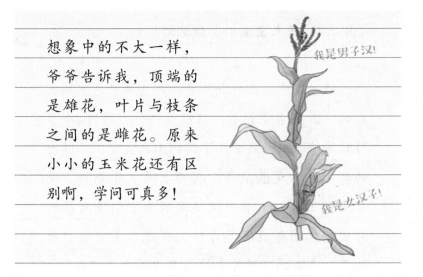

6月7日 雄花开始释放花粉了

　　这几天走在玉米地里，一起风就发现有些
雾蒙蒙的，爷爷告诉我，雄花开始释放花粉，
然后依靠着风，传送给下面的雌花啦，嘻嘻！

　　玉米宝宝就要出生咯！我离"植物猎人"
又近了一步啦！

8月2日 玉米宝宝们，你们好！！

　　好激动啊，今天和爷爷一起去玉米地里摘玉米啦。玉米宝宝长着一根根长辫子，经过4个多月的等待，玉米粒变成了新的玉米宝宝，不过有的看上去不是很饱满，有的上面光秃秃的，没有几颗玉米粒，爷爷说那是因为它们没有被好好授粉。明年我还要再种，听说玉米有很多功效呢！怪不得这种外来植物在中国大受好评！

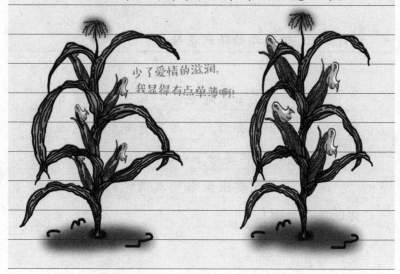

　　这就是人们常说的"种瓜得瓜，种豆得豆"。那么，其他植物又是怎么找对象，成长起来的呢？

种子的  旅行

给种子做体检

梳妆打扮是植物恋爱前的必修课，其貌不扬的种子或是棕色粗糙的枝条，都有可能变身"窈窕淑女"或是"翩翩君子"，这就是植物的两种成长模式，分别叫有性繁殖和无性繁殖。

黄瓜的有性繁殖

各种各样的无性繁殖

在有性繁殖的成长模式中，种子获得了来自妈妈和爸爸甜如蜜的关爱与能量，会更容易适应环境，悄无声息地等待进化的契机。相比之下，由于只有来自一位长辈的关注，长时间选择无性繁殖的植物通常只能维持原有的模样和特点。

为了让自己变得更强大，种子可是动足了脑筋。它们中的大部分披上了"铠甲"，就是我们常见的种皮，以保护自己少受侵害；在种皮的呵护下，是配合默契的各路大军——可以发育成植物的根、茎、叶的胚；还有后勤部队——胚乳，这里是集中养料的地方，可以提供新生命成长所需的营养。

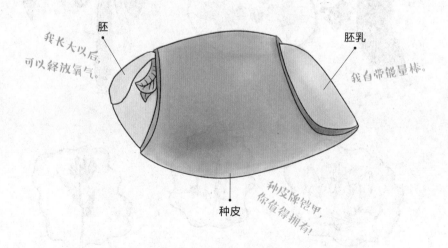

把酣睡的种子叫醒，不能缺少的是土壤、水分和日照，其中日照是一个比较特殊的因素，烟草萌发必须光照，而洋葱在萌发时必须避光。当然，前提是这颗种子还具有活性。

是否具有活性是种子体检报告里最为重要的一个指标，现在你只要通过一个小实验，就能获得答案。

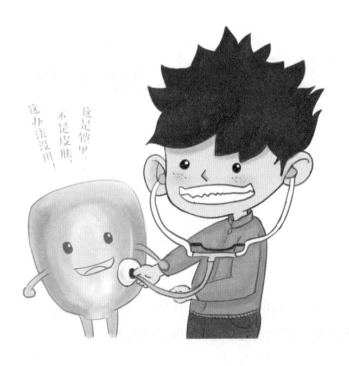

实验材料：

种子、镊子、刀片、培养皿、5%的红墨水、烧杯

实验步骤：

1. 将种子放在水里浸泡2~6小时后，随机选取30枚；

2. 用刀片将种子沿胚部中轴一切为二，放在两个培养皿中；

3. 倒入红墨水染色5~10分钟；

4. 将溶液倒出，用清水冲洗种子3次；

5. 观察冲洗后种子胚部着色情况，不着色或仅带有浅红色的，即为具有生命力的种子。如果胚与胚乳着色均为鲜红色，即表明该种子已经丧失了生命活力。

这个实验后，"体质"不好的种子变红了。

种子的密友

虽然大部分种子个头不大，却心怀天下，广交朋友，想出各种办法来扩大自己的领地。

风

蒲公英、槭树和白头翁的种子，小而质轻，形态特殊，最喜欢和风姑娘一起玩耍了。

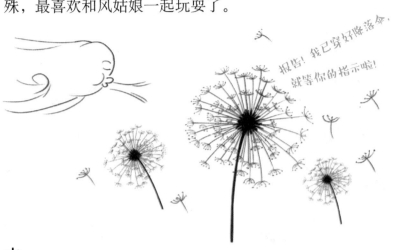

报告！我已穿好降落伞，就等你的指示啦！

水

生长在海岸沼泽区的红树，它的种子在离开母体前就已发芽，长成棒状幼苗，随后落入水中，遇到合适的土壤，便能扎根定居。长在陆地上的椰子，果实也靠海水散布。

呜呜，路上小心。
一定要注意安全，
有时间记得给我写封信。

放心，我的肚子里进不去水，满满的营养物质在等着释放出来呢！我自由啦！

自己

植物妈妈也会帮助它的孩子远行。凤仙花和喷瓜都是植物界少见的自食其力者，成熟后，便会自行释放种子。

凤仙花

动物

不少植物都爱搭便车，松果期待着松鼠把它们吃了排泄出来，或是埋起来，并长期犯健忘症；苍耳粘在兔子身上去旅行，人们根据它的形态发明了尼龙搭扣。

松果　　　　　　　　苍耳

花的真相

"讨厌之谜"的答案

还记得主张自然选择和共同祖先的达尔文吗？他一直无法理解开花植物为何突然在约1.1亿年前出现在恐龙面前，将这个问题称为"讨厌之谜"（abominable mystery）。百余年来，全世界的科学家一直在努力解开这个谜团。

金鱼草：
MADS-box基因塑造了我。

毛茛：
听说，我可是孢子叶球的后代，它和灭绝的苏铁类似！

潘氏真花：
别看我小，只有12毫米，如果没有灭绝，也得有1.62亿年历史啦。

某花：
信不信由你，我是一根缩短变态的枝条变来的。

你相信哪一个呢？

真假花大PK

　　尽管花朵长得千姿百态，但它们都有一些类似的特征，一朵完整的花包括花柄、花托、花被、雄蕊群和雌蕊群几部分。如果你把一朵花想象成一把被八级台风吹翻的长柄蕾丝伞，那么花柄就是那根伞柄，花托就是那个开关和骨架，花被好似伞面，有的是花瓣，有的则是花萼和花冠。雌蕊由柱头、花柱、子房、胚珠组成，位于中央的是雄蕊，由花丝、花药组成。

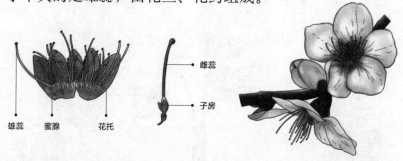

雌蕊
子房
雄蕊　蜜腺　花托

　　并不是每一朵花都像桃花和牵牛花这般"设施完备"。南瓜是单性花，长了雄蕊的就是雄花，长了雌蕊的就是雌花。

咱们可是既当爹又当妈啊!

最近阳光真不错，这回一定生个胖宝宝。

不知道我的家人现在如何了?

桃花和牵牛花　　　　　　　南瓜花

认识了花的一些行话，不如动手试一试，建立一份花的信息卡：

你需要的材料：

花朵、剪刀、镊子、放大镜、固体胶

步骤：

1. 用剪刀取下花朵的部分；

2. 用小镊子把花"从外到里"解剖，并把花的各部位整齐地分类摆放在一起；

3. 看不清楚的话，可以借助放大镜认真观察；

4. 最后将结果记录下来。

（　　　）的信息卡

记录人：＿＿＿＿＿＿

	花萼	花瓣	雄蕊	雌蕊
形状 （粘贴）				
颜色				
数量	片	片	枚	枚

你的发现

你以为学会了这些描述花朵的行话，就能在花朵的世界里做个植物猎人了吗？事实并不是如此，不少花朵可是别具匠心，想着法子变化自己的花瓣。

庆祝圣诞节，我喝了点红酒，变红啦！

观察这朵圣诞花，它的花是什么颜色的？

A. 红色的　　　B. 绿色的　　　C. 黄色的

在圣诞红生长期间，它的叶片都是正常的绿色。等到进入花期之后，圣诞红顶端开始发育产生花器官，顶端新长出的不再是绿色的叶子，而是红色的，这个现象也使得圣诞红具有一个形象的俗名："老来娇"。圣诞红真正的花，是附着在这些红色叶片基部的黄绿色小颗粒。不过，这些小颗粒也还不是一朵花，而是一个复杂的花序，它们是由一朵雌花和若干朵雄花组成。相比于其他植物的"绿叶衬红花"，圣诞红"红叶衬绿花"的风格，真是独树一帜。

除了圣诞花以外，自然界里还有不少植物会开出这样的花外"花"，能起到保护花儿或是引起昆虫注意的作用。像生活在天山上的菊科植物——天山雪莲，花朵外面淡黄色的"花瓣"其实是它的总苞片，像个骑士一样保护着花朵，使它得以在寒冷的环境中存活下来，真正的花朵其实是由无数朵小小的花集合而成的，藏在这淡黄色总苞片里。此外，福建绣球的萼片更是扩大变成了装饰，使得昆虫在远距离就可以看到这个植株，前来采蜜。

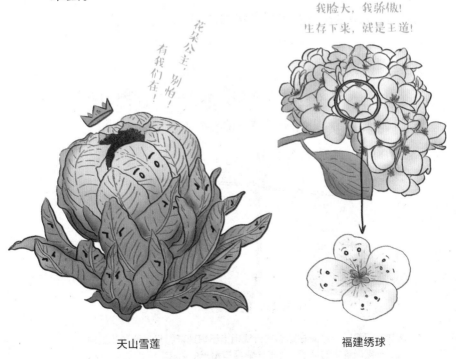

天山雪莲　　　　　　　　　　福建绣球

花的命运，谁做主

花比人类更早出现在这个星球上，它们的千姿百态是谁造成的呢？

我又目睹了一个物种的进化。

下面是17世纪时期的"郁金香之王"——奥古斯都和现代郁金香的独白，或许它们能给你一些启示。

奥古斯都：

我是永远的奥古斯都，生活在 17 世纪的欧洲，美得倾国倾城。在 1637 年 1 月我被卖出了10 000 荷兰盾的好价钱。

据文字记录，一朵奥古斯都的价钱相当于阿姆斯特丹最繁华的运河边上一栋最豪华的房子，外加一辆马车和一个花园。

为了得到我，人们想出了各种匪夷所思的办法。

到了 1637 年 2 月，包括我在内，荷兰所有郁金香的价格突然一泻千里，成千上万人在这个万劫不复的大崩溃中倾家荡产。直到 20 世纪 20 年代，在电子显微镜发明之后，科学家才发现我的美貌是因为我生病才造成的。

感染前　　　　感染后

电子显微镜发明之后，人们才发现奥古斯都的美貌是病毒引起的，由蚜虫从一株郁金香传播到另一株，而且此病毒会弱化受它感染的鳞茎。后代的花越变越小，数量越来越少。

现代郁金香：

　　和祖先相比，我可没这么大的魅力，但它一直是我的榜样。我的样子也在发生着变化。

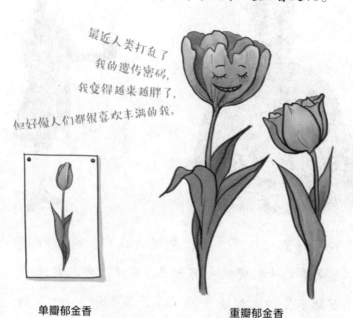

最近人类打乱了我的遗传密码，我变得越来越胖了，但好像人们都很喜欢丰满的我。

单瓣郁金香　　　　　　　　重瓣郁金香

提供特殊服务的小精灵

传宗接代的精华

pollen是花粉的英文名，由林奈于1760年命名，在拉丁文里具有强大的、元气充沛的意思。它居住在雄蕊上，包含着生命的遗传信息，而且还包含着孕育新生命的全部营养成分。这些花粉在一些"媒人"的帮助下，与雌花结合，便可以结成果实和种子啦！下图是在显微镜下的花粉照片，用你学过的分类知识，给它们分分类吧！

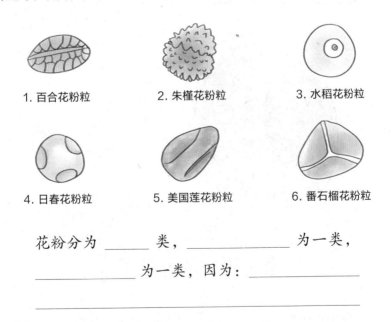

1. 百合花粉粒   2. 朱槿花粉粒   3. 水稻花粉粒

4. 日春花粉粒   5. 美国莲花粉粒   6. 番石榴花粉粒

花粉分为 _____ 类，_____ 为一类，

_____ 为一类，因为：_____

_____

想知道专门研究花粉的孢粉学家是如何分类的吗？答案就在后面。

花粉除了可以为植物传宗接代之外，还有不少特殊作用呢！

案发现场的目击证人

植物开花时期，释放出大量的花粉，一颗花粉直径最大不过200微米，还不到你头发丝横截面的一半，信不信由你，在你鞋子或是衬衣上，很有可能沾有花粉哟，当然你必须要用一个高倍显微镜才能找到它。此外，不同植物生长的环境不同，因而这些植物的花粉也往往是确定作案地点的重要依据。

警察，他说谎！
我明明跟着他一整天，
他竟然说自己
没有去过河边。

美国莲花的花粉

考古研究的好帮手

动物的精子们要是不能抢到卵子就是死路一条，可是植物的花粉却能背负历史的重担保存至今，是人们开展考古研究的好帮手。

我国人工种植水稻历史有多久？3000年？7000年？在江西万年仙人洞遗址最底下的土层里发现了零星的水稻花粉，这块土层可有12 000年的历史，而在该地区距今有10 000年历史的土层里，则发现了大量花粉，你知道答案了吧！

约12 000年前，人类的祖先们就开始想要栽培我们啦！

引人过敏的罪魁祸首

春姑娘带来斑斓世界的同时，也让一小部分花粉过敏的人饱受煎熬。别看花粉身材小巧，它可古灵精怪得很，看看它犯的一些小错误吧。

第二次世界大战后，日本各地大兴土木，对木材需求激增，价格低廉、生长周期较短的杉木、桧木得以在日本大量栽种。每到春季授粉季节，花粉症患者就会痛苦地不停打喷嚏、流鼻涕。据估计，现在每4个日本人就有1人备受花粉症困扰。

豚草是中国首批公布的16种危害严重的外来入侵物种之一，它的生长速度快，而且再生能力极强，对人体的直接危害是开花后散发出的花粉。豚草花粉中含有水溶性蛋白，与人接触后可迅速释放，引起过敏性变态反应，它是秋季花粉过敏症的主要致病源，易导致有害健康的"枯草热症"。

豚草

花的  相亲现场

卖力的媒婆

花开当珍惜，感叹的是花开时间的短暂，为了繁育下一代，它们大部分都是马不停蹄地寻找另一半，虽然不能移动，但是它们很幸运地遇到像风、昆虫和鸟类这样热情且卖力的媒婆。孢粉学家发现，花粉的形态和它们的自然媒婆之间有些小默契。

体积小、质量轻、形状更接近于球形、比较光滑的花粉是依靠风传播的，俗称风媒花。依靠昆虫传播的花粉形状接近于长球形，个体普遍大些，其外壁常较粗糙（还有些另类的长有刺状或疣状突起），俗称虫媒花。

哎呦，我手里可是刚刚从隔壁村掠过来的俊俏花粉。

花粉形态的特征使风媒花的花粉有利于逸散到空气中传播，虫媒花花粉有利于粘附在昆虫身体上传播。

只要风一吹，我就能从上海到北京。

有研究发现，松花花粉可传播1000千米远

集安静与美貌于一身的花粉可是一直在等待机会到达雌蕊，开始它繁殖的使命。当然，花儿少女也不是见到帅哥就放下自己的矜持的，它们也有自己的标准和择偶态度，一起来看看吧！

酷爱混搭的冒险王

为了培育更好的下一代，大多数花儿们拒绝自花传粉，会对落在自己柱头上的花粉进行识别，令其不能萌发或者萌发不良，从而要求另一朵花的花粉给它传粉。就像这朵旱金莲。

趁着我的另外七个兄弟
还在睡觉的时候，
蜂鸟你可快来呀！
我可不想让我的媳妇等得太久。

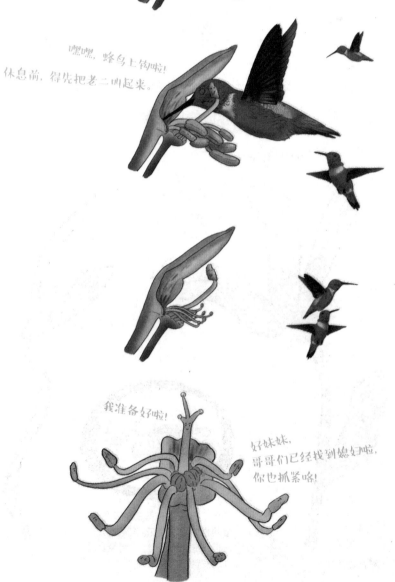

嘿嘿，蜂鸟上钩啦！
休息前，得先把老二叫起来。

我准备好啦！

好妹妹，
哥哥们已经找到媳妇啦，
你也抓紧咯！

旱金莲是有雌蕊和雄蕊的两性花，除了依靠花色和香味吸引鸟传播花粉以外，它还通过雄蕊比雌蕊早成熟等方法防止自花传粉，只有当花朵里8根雄蕊的花粉先成熟并散播出去后，雌蕊才会开始成熟并接受异花授粉。

一心一意的保守派

面对可能异花传粉失败的风险，自然界里还是有一群保守派，选择安全、谨慎的自花传粉。

三籽两型豆普通花

闭锁花

我们都是花。

给你看看我的肚子里正在发生的事。

三籽两型豆果茄

在闭锁花内部有弯曲的花柱朝着两根雄蕊（在它半腰处），它们正进行着繁育。其余8根雄蕊发育不良。

不爱浪费的实惠派

当异花传粉失败了，它便会启动自花传粉模式，无论如何，都要把后代传递下去！看看桔梗的诞生史。

桔梗的花蕾像个蓝色的气球，里面有5个雄蕊和一个长有绒毛的花柱。

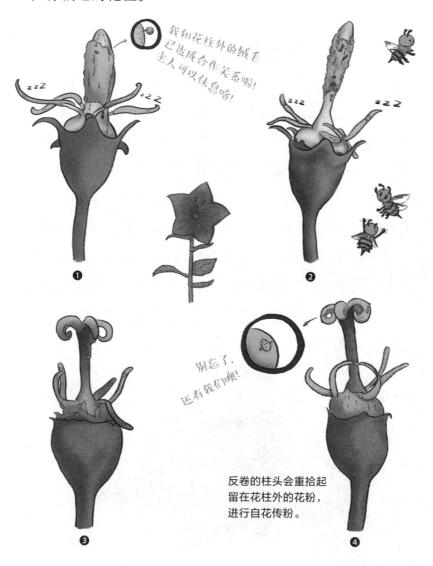

我和花柱外的绒毛已达成合作关系啦！主人可以休息咯！

别忘了，还有我们噢！

反卷的柱头会重拾起留在花柱外的花粉，进行自花传粉。

花的生存锦囊

自然界危机四伏，为了保证后代健康，品种的纯洁，或是为了吸引更多昆虫帮助传粉，花朵们也是绞尽脑汁，进化出不少生存锦囊。

最遥远的"花距"

对一个食花蜜的昆虫吃货而言，最遥远的距离莫过于花蜜就在眼前，而自己的口器却不争气，不够长，没法吸食。花却一点也不紧张，原来啊，它的甜蜜只为特别的昆虫而准备。这便是发生在大彗星兰（*Angraecum sesquipedale*）和非洲长喙天蛾（*Xanthopan morganii praedicta*）之间的专属故事。

1862年，达尔文发现了原产于马达加斯加的奇异物种——大彗星兰，它细细的花距长达20厘米。他大胆推测应该有一种口器也是20厘米的昆虫为这种兰花传粉，但是当时无人相信。

我猜，
有一种昆虫
长有20厘米的口器。

直到1903年，人们发现并观察到为大彗星兰传粉的天蛾——非洲长喙天蛾，果然它的喙足有25厘米长。

我的喙可比达尔文猜的还要长5厘米。

花香"袭"苍蝇

沁人心脾的香味是常见的花朵给我们带来的愉悦，但大自然也总是会给我们带来一个惊喜。比如因花朵巨大、气味恶臭著称的大王花。正所谓"萝卜青菜各有所爱"，它那不一般的恶臭味却深得蝇类和甲虫的青睐。

你们真没有品位！

请为我演奏一首歌曲

南非东部沿海生长着一种当地特有的植物，叫做海玫木（*Orphium frutescens*）。

与其他慷慨大方的花朵不同，它长着一群缠绕在一起的花蕊，一般的昆虫很难获得它的花蜜，它也不是一个选择自花传粉的保守派。

木蜂靠近海玫木后，会收紧原本张开的翅膀，用力振动后，海玫木花蕊会跟随木蜂翅膀的振动，喷出花粉，供木蜂享用。那么，木蜂是靠什么方法呢？科学家们经过研究后发现，答案竟然是频率。原来，海玫木只有在听到中音C这个音的时候才会打开花蕊并释放花粉，其他频率都不行，而南非东海岸的昆虫当中只有木蜂能发出这个音，于是只有它能独享海玫木那极富营养的花粉了。

原来它就是大家说的小气鬼。

小气鬼可不是暗号，不给你吃甜米！

这场音乐会听上去还不错。

婚礼策划案

通过阅读，相信你对于植物的成长已有所了解，现在进入综合性挑战，请选择一个你喜欢的植物，为它们策划一场热闹又难忘的婚礼吧，如果可以，请追踪宝宝的成长状态，争做一名负责任的媒人。

_____ 的罗曼史

1. 植物名：_____
2. 基本信息：____科____属；____月开花，____月结果。
3. 爱情观：
   □酷爱混搭的冒险王　　　　□一心一意的保守派
   □广撒网的"花心大萝卜"　□其他：_____
4. 对媒婆的要求：
   □虫媒花　　□风媒花　　□其他：_____

新娘 请画出它的样貌：	新郎 请画出它的样貌：

婚礼现场：

1. 新娘的主要任务　2. 新郎的主要任务　3. 媒婆的任务

_____ 的种子

1. 请画出它的样貌：
2. 它的好朋友是：□风 □水 □自己 □动物 □其他_____

负责人：　　　　　日期：

那些植物"移民"，
有的翻山越岭，有的漂洋过海，
它们究竟是"天使"还是"恶魔"？

5

外来植物
"特工队"

"特工队"招聘啦！

在学习完以上章节的知识、完成前面的挑战之后，恭喜你！已经初步具备植物猎人的资质了！但是，现在我们面临着更为严峻的问题，外来植物正向我们逼近，它们中有的是我们的朋友，有的是敌人，为此，我们成立了一支外来植物"特工队"。现在，特工队正在招兵买马，赶快来报名吧！

职位：**外来植物纠察员**
要求：对不能带入境的植物了如指掌
工作地点：海关

职位：**外来植物造星师**
要求：知道外来植物是什么时候来到中国的
工作地点：影视中心

职位：**外来植物驯化师**
要求：了解外来植物被驯化前的模样
工作地点：农业研究所

职位：**外来植物引种师**
要求：掌握引种植物要做哪些事情
工作地点：植物园

外来植物 纠察员

可以去澳大利亚旅游啦！你把自己爱吃的零食都装进了行李箱，不过你确定这些零食能够带进澳大利亚吗？请你对照澳大利亚的入境登记卡，选出所有不能携带的零食，你就能获得在海关检验行李的工作。

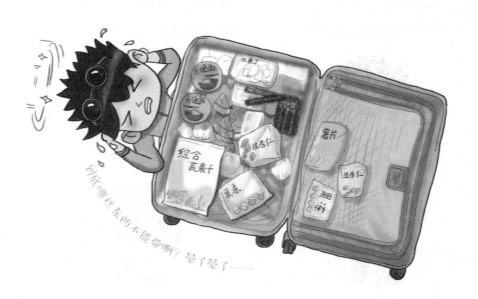

旅游小贴士

澳大利亚有一个非常高大上的绰号——世界上最后一块净土，由于没有其他"邻居国家"和生物天敌，生活在澳大利亚的生物不用整天担心自己会被吃掉，久而久之它们也懒得去进化了。如果去那里旅游，你会看到有些生物与它们冰河时期的亲戚长得特别像。

为了保护这里的环境，不让外国生物破坏本国生物的和谐相处，一名合格的海关检查员平时需要完成这些事情。

来自机场的"伪装者"

刚才你看到的还只是海关检验检疫工作的冰山一角，要想胜任这份工作，你还需要练就火眼金睛。

下面这些外来植物的"伪装"手法特别高明，连我都差点被骗了，幸好最终把它们都找到了。

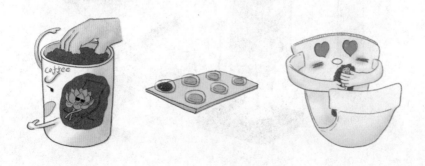

外来植物纠察报告

2月2日

查获一株躲在咖啡罐里的多肉植物

我觉得你的幻想在半分钟后就要破灭了。

嘿嘿，这样谁都发现不了我，完美！

任务完成

2月7日

查获一颗混进药盒里的农作物种子

别抖了！我们已经被发现了。

我会被发现么？

任务完成

2月18日

查获一串藏在尿布里的花环

我这么美，当然要跟着主人过来拍照摆造型啦！尿裤哥哥，借我躲一躲。

只要能在一起，被海关抓到我也愿意。

任务完成

外来植物缔造星师

如果你对海关不感冒，那就来试试古装剧编剧，但你千万记得不要犯编剧前辈闹过的笑话——让各种外来植物明星出现在不该现身的时候，毕竟这些从外国来的"国际巨星"都是在特定的时间才红遍中国的。接下来就看看你是否有成为编剧的潜质，能否发现那些提早出现在中国的外来植物。

"被穿越"的植物明星

右页图是影视剧中常见的一些画面，你发现被穿越的植物明星了吗？没错，就是黄瓜和甘薯，它们在中国出现的年代比剧中晚很多。除了这两种植物明星，你平时生活中遇到的许多植物能够跋山涉水来到中国，都与两位早期的名人脱不了关系，你能猜到他们是谁吗？

名人小档案

姓　　名：张骞

生卒年份：公元前 164 年—前 114 年

国　　籍：中国

足　　迹：丝绸之路（一条连接亚洲、非洲和欧洲的古代陆上商业贸易路线）

伟大贡献：引种石榴、黄瓜、芝麻（史书并没有确凿记载张骞带回了这些植物，但它们的来历无人知晓，加上人们又爱给名人戴高帽子，它们就默默地被当成张骞的贡献了。所以以后看书时别忘记多辨别一下信息的真假。）

名人小档案

姓　　名：克里斯托弗·哥伦布

生卒年份：1451 年 10 月 31 日—1506 年 5 月 20 日

国　　籍：意大利

足　　迹：新大陆（其实他原本是打算去中国和印度的，发现美洲是场意外）

伟大贡献：引种玉米、土豆、甘薯、菠萝、烟草、可可、番茄

如何在古代当一名植物猎人

看到这些植物猎人的收获，你是不是也跃跃欲试了呢？别急，即使你现在能够穿越时空回到过去，通过这些外来植物赚一大笔钱，你也得了解去哪里才能找到这些植物，如果你把本地植物当成外来植物兜售，估计你连一毛钱都赚不到吧！

那些植物"移民"

　　对于任何植物来说，它们都拥有两个身份——本地植物、外来植物，在不同的地点，它们的身份可以自由切换。比如在中国人的眼中，桃是不折不扣的本地植物；但在外国人的眼中，它就是远渡重洋的外来植物了。当然，你也别天真地以为这两个身份只能在不同国家间更换，只要不属于某个地方的非本地植物，都能获得外来植物的封号。

我的地盘我做主！

Vengo da Cina.
（我来自中国。）

　　你是否觉得本地植物、外来植物很容易辨认？比如接地气的就是我们中国的本地植物，看着就很洋气的一定是外来植物？你可以试着完成下面的挑战，看看结果是否会出乎你的意料。

对于中国来说，下面的植物大军分别属于什么阵营呢？

本地植物：橙、猕猴桃、茶、荔枝
外来植物：甘薯、玉米、土豆、胡萝卜、西瓜、小麦

没有通过挑战？别着急，相信通过植物们的自传，你会对这些外来植物有更进一步的认识。

植物的移民自传

胡萝卜家族的颜色之谜

我的家族来自阿富汗，家族中的成员分别向东、西两个方向进发，到达了不同的国家。不过当时，我们家族成员不是黄色皮肤就是紫色皮肤，据说紫色皮肤的成员让人们又爱又恨，虽然味道不错，但会掉色弄脏衣服。然而现在你吃的胡萝卜明明是橙色的，难道是传说中的基因突变？其实这是荷兰人从黄色胡萝卜中选育出来的，由于橙色是荷兰皇室的颜色，而且当时荷兰人和世界上许多国家做生意，培育的胡萝卜产量又高又好吃，因此家族中橙色皮肤的成员就逐渐称霸天下了。

土豆家族是如何风靡全球的

　　我是土豆，你也可以喊我的昵称：马铃薯、薯仔等，我的家乡在安第斯山脉（在遥远的美洲）。大约7000年前，当地的原住民就开始和我的祖先打交道了。到了1536年，西班牙人发现了我的家族，并带到了欧洲。一开始流传着很多关于我们的谣言，什么种在地下的东西不吉利啦，有毒啦，总之就是3个字——不能吃！不过事实证明，是金子总会发光的，德国有一位英明的领导者——弗里德里希大帝，很早就发现我们营养丰富又容易种的特点，所以想了很多法子来推销我们。法国也举办了一场土豆宴，让我名声大噪。就这样，我逐渐被全世界喜爱。

甘薯家族的偷渡传说

　　我的家族和土豆家族是邻居，从5000多年前就生活在中美洲了，所以当哥伦布来到这里后，我们两个家族都跟着他来到了欧洲。作为献给西班牙女王的异域植物，我的家族受到了重点保护，西班牙人民把我们看得牢牢的，生怕我们被别人拐跑了，但人们总是能想到办法，于是有两人分别通过不同的路径把我们带到了中国。1582年有一位叫陈益的广东人从越南把我的家族带回了东莞，1593年有一位叫陈振龙的福建人从菲律宾吕宋岛把我的家族带回了福州，传说他是偷偷把甘薯苗涂了泥巴绞入帆船缆绳才躲过西班牙人的火眼金睛。来到中国后，我们家族自然成为了当时缓解饥荒的救命粮。

植物的留洋传记

除了以各种各样方式来到中国的外来植物，还有很多从我们国家走出去的本地植物，当然它们去到国外后就变成外来植物了。

这个看名字的世界——来自猕猴桃的感悟

洋气的猕猴桃其实出生在中国湖北等地，在古代它只是一种不好吃的野果，直到1904年，一位来自新西兰的植物猎人（其实她只是位教师）——伊莎贝尔把猕猴桃的种子带回国，由于土壤和气候条件适宜、维生素丰富又符合当地人的口味，经过不断地驯化和品种改良，终于变成了好吃的猕猴桃。当然，要让一种水果畅销，还得为它取一个好听的名字，猕猴桃在1950年之前叫做中国醋栗，后来新西兰出口商为了促销，想为它取个响亮又好听的名字。进行了一番头脑风暴之后，他们觉得它长得像新西兰的国鸟——几维鸟（kiwi）。最终，猕猴桃就成了我们现在耳熟能详的奇异果（kiwi fruit）。

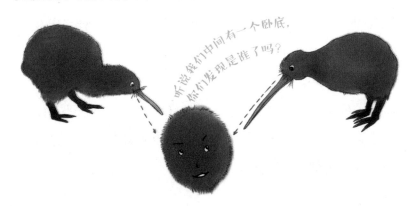

汝等皆随吾姓!

茶的环球之旅

　　想一想，你会用几种国家的语言念"茶"这个字？它们是不是有什么相似之处？如果你发现各国茶的念法都大同小异，那你就接近茶的真相了。茶最早"出生"在中国云南省，但真正让茶走向世界的，还要归功于广东人和福建人。

　　广东一带的人把茶念为"CHA"，广东的"CHA"通过陆地来到了东欧。于是，在东欧地区，茶的发音与"CHA"类似。

　　而福建一带的人又把茶念为"TE"，福建的"TE"通过海路来到了西欧。于是，在西欧地区，茶的发音又与"TE"类似。

　　久而久之，现在各国的"茶语"也大致分成了这两个派系。可见，外来植物的旅行方向很可能决定了它日后的名字。

名字中隐藏的身世之谜

你现在是不是已经被弄得晕头转向了？没关系，下面是一名编剧前辈留下的资料，掌握其中的窍门，你鉴定外来植物的能力一定会突飞猛进。

外来植物造星手记

在古代，"番"常常表示外国或外族，所以明朝以后从东南亚国家（原产地往往是美洲）通过水路进入我国南方的植物大多取名"番××"。

"胡"经常指北方和西方的少数民族，所以两汉、南北朝的时候从北边国家通过陆路传入我国北方的植物大多取名"胡××"。

但这两个姓总有点瞧不起这些地方的意思，想想你平时说的胡扯、胡闹，感觉都不太好吧！所以后来又多了一个"洋"姓，可能你生活中见过的"洋××"就是清朝末年和民国时期来到中国的。

最近又接到了一个编剧任务，男主角是汉朝的张骞，你觉得在电视中出现哪位外来植物明星更适合呢？

番茄　　　　　胡蒜　　　　　洋白菜

外来植物 驯化师

如果你以为外来植物只要来到中国就可以随意加入我们的餐桌行列了，那你就太天真了，它们可能面临着长得不好看遭到人们嫌弃、口味不好人们不爱吃等尴尬的局面。这时就需要出动外来植物驯化师来对它们进行一番改造了。

西瓜"发福"史

水润的西瓜没被驯化师"调教"的时候，你简直无法想象它的样子！它的祖籍在非洲，3000年前的它大概只有一个苹果这么大，外壳硬得要用锤子才敲得开，能吃的部分很少，味道也不像现在这么甜蜜，往往都是苦的，偶尔会有一些带着苦涩的甜味……多亏了驯化师，不然你只能面对一堆难以下咽的西瓜。

我的天！我不相信你这么个又丑又小的家伙，竟然能有我这么完美的后代！

玉米大变身

香香甜甜的玉米、美味无比的爆米花，在玉米被驯化之前这些都是天方夜谭，因为9000年以前，它只是一种小小的、颗粒很少、口味又糟糕的名为类蜀黍的植物，美洲地区的人们经过很多年的精挑细选，让它的口味变好吃了。当它走向世界各地后，立刻受到了大家的欢迎，并且不同国家的驯化师又进一步将它变成各自喜欢的口感，因此，我们现在可以在餐桌上看到各种各样的玉米了。

外来植物 引种师

"天使"还是"恶魔"？

在特工队中，挑战系数最大的就是外来植物引种师了，如果看到好吃的东西就随便引种到中国，稍不注意，它们就会变成令人头疼的入侵植物。

加拿大一枝黄花

这种黄灿灿的漂亮植物，原先生活在北美时只有大约40厘米高，人们看它娇小可爱，又能在秋天开花，就决定把它带来中国，丰富秋天的景色。万万没想到，来到中国后，它开始疯长，随随便便就能达到两米的高度，变得五大三粗还不是最可怕的，最糟糕的是在它生长的地方，其他植物根本抢不到"食物"，于是它变得越来越多……后果可想而知。

我是花店中的配花好帮手——黄莺。

哈哈，我是这块地盘上的小霸王。

凤眼莲（水葫芦）

　　这种植物是作为猪饲料运来中国的，它原先生活在秘鲁一带，既会被水流带到不知名的远方，又时不时地会被河马等动物吞到肚子里，所以在那里并没有大量生长。然而当它来到中国后，一切都变了，最开始它是在中国的清澈河水中安家落户的，等它长大就拿去喂猪了，可是后来河水被污染，人们也开始注重为猪搭配合理营养的食物，于是它开始失控，成为了河道"杀手"。

没有天敌在，
小日子过得真舒爽！

微甘菊

　　这种植物原先是打算为城市绿化添砖加瓦而引进的。当它在中美洲的时候，有160多种昆虫和菌类天敌打压着它，所以彪悍的它没能发展壮大。但来到中国后，缺少了天敌的它立马暴露了自己的本性，开始迅速疯长，并把自己的枝条织成一张大网盖住其他植物，同时它还会分泌毒汁抑制其他植物生长，这些苦命的植物只能面临在不久之后被"闷死"的命运。

有我在，
你就别想翻身了！

吃不到东西，要死了要死了。

通缉令

那么引种师要怎么判断哪些外来植物有可能变为入侵植物呢？看看这些有"叛变潜质"的外来植物有什么共同点吧！

警报警报！全体外来植物引种师请注意！如果见到有这些特征的外来植物，请迅速将它们从引种名单上删除！

种子又小又多

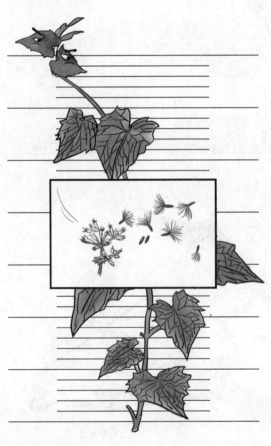

微甘菊

微甘菊的种子长有冠毛，很容易随风飘到远方。

NO.10385592

生命力顽强，在很多地方都能扎根生长

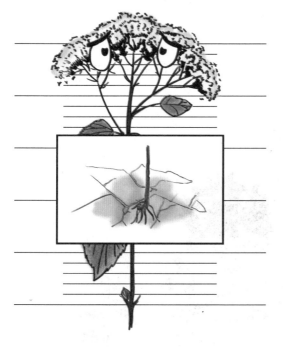

紫茎泽兰

紫茎泽兰能依靠强大的根状茎快速扩展蔓延，它的适应能力极强，在干旱、瘠薄的荒坡隙地生长，甚至在石缝和楼顶上都能生长。

NO.11335478

非常容易传播

北美车前草

北美车前草的种子表面有胶质物，可以搭乘许多交通工具的"便车"。

NO.29983155

外来植物引种师是怎样炼成的？

　　光会鉴定入侵植物还不够，引种师要做的事情太多了，你能为下面的引种工作，按照正确顺序排序吗？

1. 为植物做检疫

有病虫害的植物可不能引种。

2. 确认植物能不能引种

嘿嘿，这个网站真方便，如果是珍稀、濒危、保护品种，我就换个植物引种。

网址： http://rep.iplant.cn/

3. 将植物引种到合适的环境中

有了这么舒服的房子，你一定要健康长大啊！

4. 对植物进行后期管理维护

试试看，你能否闯过"万象山"，

获取植物家族的秘密，

摘取"植物猎人"桂冠！

扫码了解我们的教育活动

6

生态万象
挑战赛

生态万象挑战赛：为了最高荣耀

请注意！生态万象挑战赛即将开始，相信经过前期的训练，你已经对植物的方方面面有了充分了解，现在，万象山正在举行生态万象挑战赛，快来报名吧！

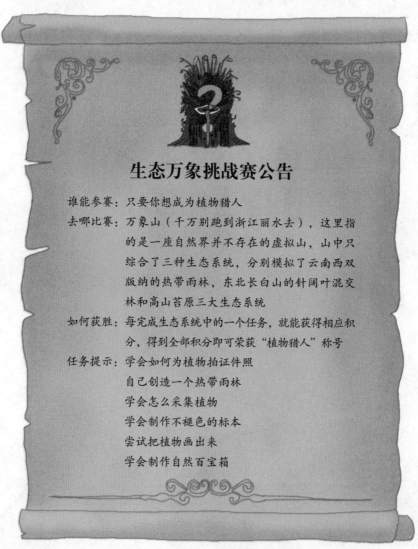

生态万象挑战赛公告

谁能参赛：只要你想成为植物猎人

去哪比赛：万象山（千万别跑到浙江丽水去），这里指的是一座自然界并不存在的虚拟山，山中只综合了三种生态系统，分别模拟了云南西双版纳的热带雨林、东北长白山的针阔叶混交林和高山苔原三大生态系统

如何获胜：每完成生态系统中的一个任务，就能获得相应积分，得到全部积分即可荣获"植物猎人"称号

任务提示：学会如何为植物拍证件照

自己创造一个热带雨林

学会怎么采集植物

学会制作不褪色的标本

尝试把植物画出来

学会制作自然百宝箱

植物猎人的烦恼

在出发之前，还有一堆准备工作急需完成，你能想到哪些，试着将它们写下来，你的想法会与挑战赛前辈们不谋而合吗？

挑战赛前辈的经验之谈（完成这些事情会大大提升成为植物猎人的概率）：

了解你的"猎场"环境

毕竟在不同的生态系统中，可以猎取的植物也是千差万别的，比如你想"猎取"荷花你一定不会跑去荒漠吧！而且在不同的环境中，你需要的衣服也有很大不同。

准备好各种野外考察装备

在11页已经介绍过，如果你没认真看，赶紧翻回去确认一下你需要带上哪些野外考察装备。

将所有装备进行打包

如果前两件事已经完成，你的当务之急就是怎么才能把这么多装备更快更整齐地整理一番。

如何成为打包达人？

别小瞧打包这件事，整理东西也是需要窍门的。参照下面的方法，你一定会事半功倍。不过你要牢记，整理包时最好把重的东西放在上面，否则你在背包时会有往后仰的感觉。把重的东西放在比较高的位置，你会感觉自己的重量全都集中在脚上，上下山的时候，身体会往前倾，你就能更灵活地控制自己的身体了，是不是很简单？

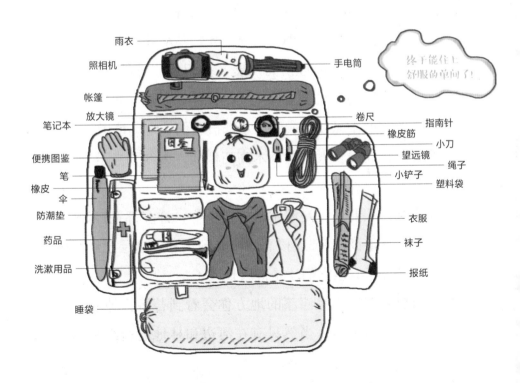

第一站：神秘莫测的热带雨林

特　　点：通常在赤道两侧南、北纬20°之间。全世界有超过50%的动物、植物物种，都生活在这片占据地球5%（这个数字正因为人类的破坏在逐渐减少）面积的区域上。由于它特殊的环境，真正能进入那些核心区域的人少之又少。

年降水：＞2000毫米（经常下暴雨）

年均温：26℃

露生层：分散着一些比12层楼还高的树木巨人，这一层的乔木叶片小，水分不会轻易从叶片中溜走。

树冠层：乔木的树冠横向发展，交织成连续的一层，它们的高度相当于7~12层楼高不等，雨林中七成的阳光和八成的雨水都被它们"吃"掉了。

幼树层：还没长大的小乔木高高低低，大约相当于3~7层楼高不等。

灌木层：主要成员是灌木、棕榈植物，许多都是1米高，最高的有3层楼高，阳光到了它们这层已经很少了，但它们还是健康长大了。

地面层：在这个黑漆漆的地方你会看到苔藓、地衣、草本植物，当然只有在河边和林地的边缘它们才长得比较茂盛。

热带雨林

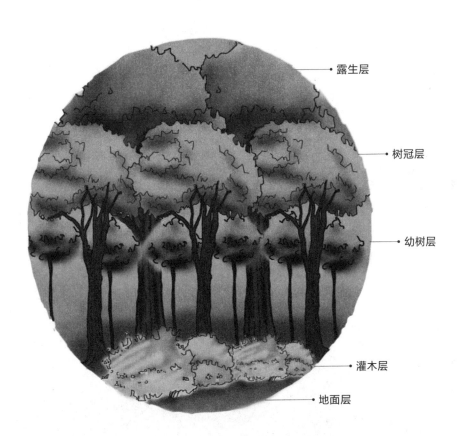

露生层

树冠层

幼树层

灌木层

地面层

云南西双版纳位于约北纬21°，年降雨量为1500毫米，年平均温度为21℃。由于这些数据都不符合热带雨林家族的"血统象征"，所以它一直不被国外的科学家认可。直到1975年，我国植物学家蔡希陶教授在西双版纳发现了一种特别的植物——望天树（这种龙脑香科的植物是东南亚热带雨林的标志），西双版纳才被承认身份。而雨林中的植物能安然度过11月至来年4月的旱季，全靠西双版纳的大雾。

最近皮肤好干，给我来个雾气SPA。

艾尔弗雷德·辛柏尔（1856——1901）

　　艾尔弗雷德·辛柏尔是德国植物生态学家。16~17世纪，世界上许多探险家和航海家的日记中往往会出现一些神秘的地方，那里的植物总会发生各种奇异事件，但没人能准确形容那些地方。1889年，辛伯尔开始游历东南亚的一些国家，并研究了那里的特色植物。爪哇岛上的布依腾佐格（今茂物）植物园虽然耗费了他两年的青春岁月，但也为他带去了很多科学灵感（看来专心做一件事总是会有收获的），9年后他在自己的书中首次提出了"热带雨林"的概念。

野外生存指南

在不同的野外环境中你会遇到不一样的烦恼，如果不想让你的挑战赛就此打住，那就好好阅读这份挑战赛前辈留下的热带雨林生存指南吧！

1. 我有特殊的摔倒姿势！

在阴暗湿滑的地面层，想要走路不摔倒？嘿嘿，那你只能自求多福了！但经过多次摔倒的血泪教训后，你会发现摔倒也是有技巧的！尽量不要向后倒，那样最容易伤到头，记得要侧倒，并用胳膊撑住身体，虽然你的手可能免不了要受伤，但总比头破血流、脑震荡要好。

2. 一天中什么时候适合外出？

你几乎每天都要面临雷阵雨的困扰，但你可以选择避开午后这个时间段外出，记得热带雨林里有什么吗？

是很多很多的植物，而植物都会进行蒸腾作用，因此到了午后，这些聚集在一起的水蒸气就会变成暴雨降下来。但不用担心，它们来得快去得也快！

3. 远离大路是万万使不得的！

在这里特别容易迷路，死神也会紧跟着你（绝不是危言耸听），所以千万别因为好奇、想抄近路等原因深入雨林，小心有去无回。

植物也有"超能力"

　　在热带雨林中，植物们为了抢夺生存资源也纷纷点亮了各种"超能力"。如果你想猎取这些植物，还是先看看它们的战斗力再决定吧。

四数木　超能力：稳如泰山　战斗力：☆☆☆☆

就你那小样
还敢来动我。

累死我了！

　　四数木先天"头重脚轻"，虽然身躯高大粗壮，但根却没能深深地扎在土壤中，为了不被狂风暴雨打倒，它在树干基部会长出一些板状根，形成巨大的侧翼，这些三角状的板状根不仅看起来特别威武，也能让它的"下盘"更稳。

榕树　超能力：分身术、绞杀术　战斗力：☆☆☆☆☆

别想轻易
走出我的迷宫。

分身术

这里资源太少，
你死我才能活。

绞杀术

　　榕树枝条上会垂下许多气生根，它们向下扎根进土壤，就会逐渐长成支柱根，整棵榕树看起来就像由许多"树干"组成的森林迷宫，所以才会有"独木成林"的说法。曾经还有人在一棵榕树中迷路过呢！

　　榕树的种子如果落在其他树（比如棕榈树）上，生根发芽后，逐渐长大的榕树会将寄主越勒越紧，并且不断抢夺寄主的阳光和水分，最终寄主只能被活活"饿死"。

前辈的雨林日记

5月2日 天气晴（午后暴雨）

　　作为一个即将成为植物猎人的少年，我可是名副其实的。就像今天采集疣柄魔芋时，我先是全方位多角度地为它留下证件照（幸好昨天学会了前辈的拍照技能），然后冒着被熏晕的危险（因为它实在太臭了，不过苍蝇似乎很喜欢它的味道），小心翼翼地用小铲子，把它连根从土壤中挖出，这样才算完美地采集了一棵植物。不过后来看了植物图鉴我才知道，它只会在花开后的几小时内发出这种腐尸一样的味道，正好让我赶上了，真不知道我算幸运还是不幸。

5月3日 天气晴（午后有暴雨）

今天出门的时候忘记带伞了，结果正好碰上了一场大雨，差点变成落汤鸡，还好机智的我发现附近有一些大概一层楼那么高的芭蕉，它们的叶片特别大，正好可以去那儿避雨。因为雨林下面很暗，为了得到更多的阳光，这些芭蕉才进化出了那么大的叶片。

对了，我还学会了用芭蕉的花做菜！先把老的苞片去掉，再把嫩花里面的花蜜吸干（可甜可好喝啦），然后用热水焯一下，再用清水浸泡揉搓几次，吃起来就没那么涩了，最后拌点辣椒粉、盐，味道好极了。

任务一：为一株植物拍摄证件照

终于迎来挑战赛的第一个任务了，是不是有点小激动？但别以为植物的证件照像你的证件照一样，一张就能搞定，还是参考一下前辈的日记来顺利完成任务吧。

5月1日 天气 大雾

今天发现了一棵神奇的树，它的花、果实竟然是长在树干上的！本以为随便拍一张它的照片，其他植物猎人就能告诉我它叫什么，结果发现，即使是为植物拍摄最粗糙的证件照，至少也需要5张照片，包括它的生活环境、茎、叶、花、果实，如果想获得它的完美证件照，我还得全方位、多角度地拍摄它的细节特征！（用手机拍照，但又没办法对焦时，嘿嘿，把植物放在手上，立马就能对上焦了。）

当我重新拍完证件照，他们很容易就判断出这是炮弹树了。据说它的红色花朵就像一个天线接收器，蝙蝠可以凭借回声来为它授粉，然后花朵就会结出圆圆的、硬硬的果实。我觉得它们很像直径20多厘米的龙眼。

如果你已经为植物拍摄好了它的证件照，就在下面的方框中打钩吧。

☐ 任务一完成：积分+1

任务二：自己创造一个热带雨林

想创造出一个真正的热带雨林，那你还是别做梦了，不过做出一个迷你热带雨林景箱还是不难的。

❶ 找出家里不需要的旧鞋盒，去掉盒盖，剪去鞋盒侧面面积大的一面，只留下三个侧面和一个底面。把鞋盒内部涂成绿色。

❷ 制作不同雨林层位的植物，贴在鞋盒底面上。

❸ 制作热带雨林的装
饰挂件粘贴在鞋盒内
部上方，如果你是手
残党，照着本秘籍的
图案画就行。

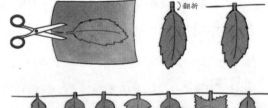

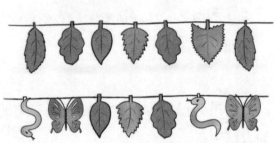

❹ 画出生活在各层的
动物，将其粘贴在对
应的层位中。

❺ 画一个温度计，在
上面标上热带雨林的
温度，贴在鞋盒侧面。

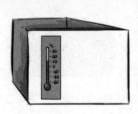

　　如果你已经亲手创造了一个"热带雨林"，就在下
面的方框中打钩吧。

　　☐ 任务二完成：积分+1

第二站：多变的温带针阔叶混交林

特　点：通常在北半球北纬40°~60°内，是落叶阔叶林
　　　　与寒温带针叶林之间的过渡带。全世界的温带
　　　　针阔叶混交林可分为北美东北部、欧洲、亚洲
　　　　东部三大区域，它们具有不同的分布特色、气
　　　　候特点和植被组成，其中亚洲东部的最有特色
　　　　（以下数据仅指此区域）。

年降水：500~1100毫米，其中60%~80%集中在6月至
　　　　8月。

年均温：-1℃~6℃。

乔木层：红松是这儿的主角，但你也会见到其他的针叶
　　　　树、阔叶树。

下木层：不同高度（0.5~2.5米）的灌木生活在这儿，但
　　　　你几乎看不到常绿（叶片在一年中不会大面积
　　　　掉落、变黄）的灌木。

草本层：高度为1~1.2米。

苔藓层：万年藓可以说是红松林特有的标志，虽然红松
　　　　林中的苔藓比云冷杉林中的少，但有逐渐增加
　　　　的趋势。

温带针阔叶林混交林

乔木层 •

下木层 •

草本层 •

苔藓层 •

长白山的针阔叶混交林分布在海拔1100米以下的玄武岩台地上。

野外生存指南

一起来看看这份挑战赛前辈留下的温带针阔叶混交林生存指南吧!

1. 自带"防御"功能的衣服

在热带雨林中,因为每天流汗多得像洗了几遍澡,为了防止衣服发绿霉变,你需要的自然是一套透气速干的衣服。但来到混交林,你如果还穿着这套衣服,就无法融入这儿了。为了防止被林中的"暗箭"所伤(比如五加科、蔷薇科一些植物的枝刺,菊科植物果实上的倒钩、刺毛等),结实的迷彩服才是林中穿梭的最佳选择。

2. 蛇虫出没,请注意!

你可以捡一根长树枝,帮你在前进时开路,这样就能吓走潜伏在草丛中的蛇。然而森林中还有更多饥渴的蚊子、蜱虫在等着你这道美味大餐。这时候你就需要一个特制防蚊面纱,同时扎紧领口、袖口、裤脚管以防蜱虫爬进。但真的被蜱虫"叮"上了也别慌张,先用烟头烧蜱虫露在身体外的部分,直到它不再往身体里钻了,再用镊子夹住蜱虫往外拔,但是被烟头烫着实在很疼!

混交林里的美食

你可以在混交林中猎取到许多美味的植物，不过它们都很娇贵，想对付它们，你可得摸清它们的喜好。

红松　美味指数：☆★★★☆　难度指数：☆★★★★

红松的花粉可以制作成松花粉，想采集到这种制作糕点的配料，你可要掐准时间，雄花的花期只有3~5天，当同时满足晴天、雄花球的颜色由红变黄、底部开始散粉这些条件，你就能出手了。

红松的种子是大家喜爱的松子，你需要一些特殊装备来帮你爬到几十米高的树上并且打落松果，不过这非常危险，为了你的安全，你还是从掉在地上的松果中碰碰运气吧！

自从长白山禁止采摘野生松子，我们冬天再也不用挨饿了。

我也能生根发芽了。

通常低矮的草本植物都是连根采集的，野生人参也不例外，但采集它们需要更多的耐心。中医认为野生人参被铁器碰到就会损失元气，所以在采集时，你可以准备一把用鹿肋骨特制的小刀，慢慢剔去根须上的泥土，因为哪怕断掉一根根须，它们的价值也会大打折扣。不过从科学角度来说，野生和人工养殖的人参营养价值是一样的，采集方法也不用这么讲究。

松果天气预报员

在混交林中遇上大雨天，就不像在热带雨林那么幸运了，这里没有巨型叶片，更多的是针形叶、鳞形叶，用这么细小的叶片来遮雨，你只会变成"落汤鸡"。不过你也别担心，因为这里有许多天气预报员——松果，只要能看懂雨天的预报，你就能提前准备好雨具或者直接选择不出门了。

晴天我的鳞片张开!

雨天我的鳞片闭拢!

前辈的混交林日记

云杉、冷杉都是圣诞树，好想把它们采集回来。但一般做标本的时候要尽可能留下植物的"全尸"，可它们都是乔木，让我把整棵树扛回来肯定是天方夜谭，所以我只能采集它们的标志特征部分来做标本啦！我发现它们的区别就藏在叶片上。云杉的针叶底部有一个个"钉子"，那是针叶脱落之后留在枝条上的叶柄，所以小枝摸上去有点粗糙。冷杉的叶柄和针叶同时脱落，所以它的枝条上没有突起，只有叶痕，摸起来滑溜溜的。如果有球果，分辨就更方便了，云杉的球果成熟后下悬在枝条上，而冷杉的球果则直立在枝条上。

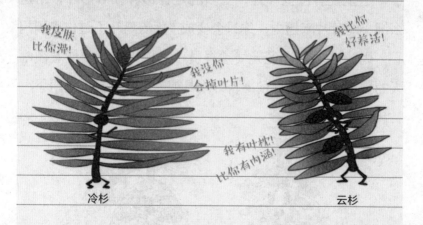

冷杉　　　　　　　　　　　云杉

任务三：采集一株植物

虽然采集植物在前面已经介绍过，但温故而知新是个好习惯，还是再阅读一下前辈的日记，看看你是不是有什么新发现吧！

6月15日 天气晴

前几天采了一件标本，由于没有及时写上采集信息，结果现在已经什么都不记得了，伤心，白采了！所以今天在采集的时候，我特别小心地把植物连花带叶一起采了（没花朵的时候可以用果实代替），然后给它制作了身份证。由于花朵很容易掉落，所以窍门就是先把它们夹在报纸里，再放进采集袋中，这样就不怕少东西啦！

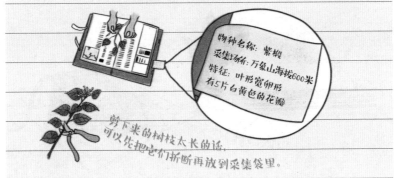

物种名称：紫椴
采集场所：万象山海拔600米
特征：叶形宽卵形
有5片白黄色的花瓣

剪下来的树枝太长的话，可以先把它们折断再放到采集袋里。

如果你已经采集好了植物，就在下面的方框中打钩吧。

☐ 任务三完成：积分+1

任务四：制作不会褪色的植物标本

也许你听过、见过、做过植物标本，但不会褪色的植物标本你会做吗？

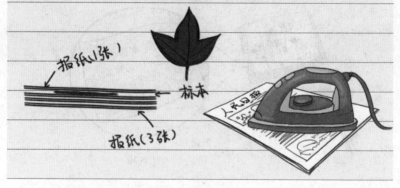

9月16日 天气晴

　　今天发现很多做好的植物标本颜色没有一开始那么鲜艳了，我心中有一丝淡淡的忧伤。但下午我就发现了一个办法能让植物永葆青春，只要一个电熨斗就能搞定。正好采集了很多红艳艳的三角槭，先把它们制作成标本，然后夹在报纸中，再用电熨斗熨平，只要拿出的标本没有蔫就大功告成啦！不过那些含水量大的绿色叶子就不适用了。

报纸(1张)

标本

报纸(3张)

如果你已经制作好了不会褪色的植物标本，就在下面的方框中打钩吧。

□ 任务四完成：积分+1

第三站：条件艰苦的高山苔原

特　点：苔原包括平原苔原和山地苔原。在欧亚大陆和北美大陆上，所有苔原像带子一样环绕着极地区域，而高山苔原出现在温带森林地带山地苔原的高山区域，不会单独出现。

年降水：1100~1300毫米

年均温：-7℃

这里的植物主要由小灌木、苔藓、地衣组成，但常常只有一层结构，偶尔出现两层或三层的情况。

在长白山，海拔2100米以上就是高山苔原带。

"苔原"一词来自北欧萨米人的语言，当地人把低矮平缓的圆顶山丘叫做"tundri"，表示山丘上不长树木，而一些灌木、草本植物、苔藓、地衣像厚厚的毯子一样盖在山丘上。

科学家的故事

黄锡畴（1924—2011）

黄锡畴，中国自然地理学家。1959年夏天，黄锡畴来到长白山，看到这里漂亮的"空中花园"，却不知道怎么描述这个自然景观。当时有人把这里叫做高山草甸、高山草原、高山植被等，就是没一个统一的名称。黄锡畴综合分析了这里的植物、气候、土壤，最终将这里命名为高山苔原。

野外生存指南

一起来看看这份挑战赛前辈留下的高山苔原生存指南吧！

1. 高山上保暖才是头等大事！

一般海拔每上升1000米，气温就要下降5~6℃；而且高山苔原的昼夜温差大，在这里小小的感冒可能也会要了你的命。所以在这里只穿迷彩服就不够保暖了，穿衣原则应该以不觉得热为标准，等你觉得冷时才加衣服，很有可能感冒已经在向你招手了。

好像不是那么热，我再加件衣服试试。

2. 抓紧时间让你的双脚吹吹风！

爬了这么高的山，你是不是觉得越来越累了？这很有可能与你湿透的鞋子有关，因为失去弹性的鞋会让脚底疼痛难忍，所以逮着时间就晒晒你的双脚吧！

3. 防晒不到位，当心掉层皮！

在这种紫外线强的地方，可别随便露出你的皮肤，就算在阴天，也要做好防晒工作，除了把自己包裹得严实一点，防晒霜也要记得涂。

小植物有大智慧

与热带雨林、混交林中的植物比起来，高山苔原的植物几乎是小矮子，但这可都是它们为了生活在这里而凝结出的智慧。

仙女木 植物特点：自带毛衣 智慧指数：☆☆☆☆☆

由于山上气温低、风力大，矮小的仙女木匍匐生长。它的叶片背面长有许多白色绒毛，果实上也有"长毛"的保护，看起来就像戴了一顶伞形的白帽子，这些都能帮助它御寒。

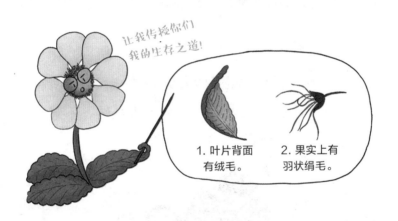

让我传授你们我的生存之道！

1. 叶片背面有绒毛。

2. 果实上有羽状绢毛。

牛皮杜鹃 植物特点：发达而浅的根 智慧指数：☆☆☆☆☆

这里的土壤既薄又缺少营养，但土壤上层的温度较高、水分较足，牛皮杜鹃就顺势让自己长出许多不定根，别看它身高不高，但它的根系长度却是身高的8~10倍。这些根就像一张网一样匍匐生长在地表。

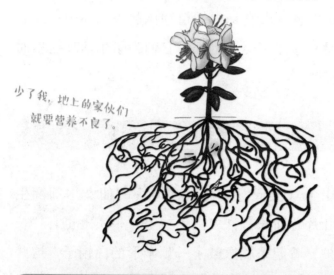

少了我，地上的家伙们就要营养不良了。

高山罂粟 植物特点：大而鲜艳的花朵 智慧指数：☆☆☆☆

强烈的紫外线会破坏植物的细胞，所以高山罂粟就产生大量的类胡萝卜素来吸收紫外线。和它的身材比起来，大花朵让它看起来就像一个大头娃娃，不过却能更好地吸引小动物们来帮它繁衍后代。

放心，红、蓝、紫色花朵是靠花青素帮忙的。

为什么我不是橙色或黄色？难道我的类胡萝卜素没了？

任务五：用点描法画出高山龙胆

参考毛毡杜鹃的画法，尝试把前辈日记中的高山龙胆画出来吧！

1. 画出它的轮廓。
2. 在图上加"点"，暗的地方多加一点，亮的地方少加一点。
3. 心情好的话再给它上点色。

毛毡杜鹃

9月18日 天气晴

由于山上的海拔高、气温低，所以照相机的电池比在山下的时候"寿命短"，结果没拍几张高山龙胆的照片，照相机就不能用了。不过正好可以把它手绘出来，看看应该怎么画。

这是我手绘的高山龙胆。

如果你已经用点描法画出了高山龙胆，就在下面的方框中打钩吧。

☐ 任务五完成：积分+1

任务六：学会制作自然百宝箱

下山回家后就能挑战最后的任务啦！你可以把山上采集的各种种子、果实等自然宝物阴干，免得一段时间之后你打开自己的自然百宝箱，里面的宝贝已经坏了。记住用软毛刷清理一下宝贝上的泥土、虫卵，确保没有虫子寄生在里面。

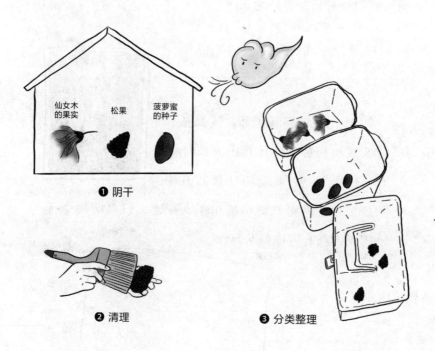

仙女木的果实　松果　菠萝蜜的种子

❶ 阴干

❷ 清理

❸ 分类整理

如果你已经制作了自己的自然百宝箱，就在下面的方框中打钩吧。

☐ 任务六完成：积分+1

植物猎人诞生了！

算一算你的积分，如果得到6分的话，恭喜你！你已经是当之无愧的植物猎人了。

植物猎人的聚会：扫码晒一晒你完成的任务，顺便领略一下其他植物猎人的风采吧！

如果觉得当植物猎人还不过瘾，还有更多挑战在本系列的其他书中等着你！

图书在版编目（CIP）数据

植物不简单 / 顾洁燕，徐蕾主编．－－上海：上海科技教育出版社，2017.1
（2021.3重印）
（鹦鹉螺漫画．不一样的生命）
ISBN 978-7-5428-6520-5

Ⅰ.①植… Ⅱ.①顾… ②徐… Ⅲ.①植物–青少年读物 Ⅳ.①Q94-49

中国版本图书馆CIP数据核字（2016）第283272号

总 顾 问　左焕琛
策划顾问　王莲华　王小明　姚　强

鹦鹉螺漫画·不一样的生命
植物不简单

主　编　顾洁燕　徐　蕾
文　字　娄悠猷　高　洁　刘　楠　徐缘婧
插　画　董春欣　沈晨毅　曹宇文　李芳园
　　　　董天成　吴　濛　孔怿雯　谢侴澜
　　　　于　婧　沈　洁　董　晟　于　淼
　　　　蔡文婕　徐方昕　陈俊文　胡络绫
科学顾问　史　军　刘　夙
责任编辑　郑丁葳
书籍设计　肖祥德

出版发行　上海科技教育出版社有限公司
　　　　　（上海市柳州路218号 邮政编码 200235）
网　　址　www.sste.com　www.ewen.co
经　　销　各地新华书店
印　　刷　三河市同力彩印有限公司
开　　本　787×1092　1/16
印　　张　13
版　　次　2017 年 1 月第 1 版
印　　次　2021 年 3 月第 8 次印刷
书　　号　ISBN 978-7-5428-6520-5/G·3716
定　　价　65.00元